U0247126

"问道·强国之路"丛书　　主编＿＿董振华

成长春　吴日明——著

建设美丽中国

中国青年出版社

"问道·强国之路"丛书

出版说明

为中国人民谋幸福、为中华民族谋复兴，是中国共产党的初心使命。

中国共产党登上历史舞台之时，面对着国家蒙辱、人民蒙难、文明蒙尘的历史困局，面临着争取民族独立、人民解放和实现国家富强、人民富裕的历史任务。

"蒙辱""蒙难""蒙尘"，根源在于近代中国与工业文明和西方列强相比，落伍、落后、孱弱了，处处陷入被动挨打。

跳出历史困局，最宏伟的目标、最彻底的办法，就是要找到正确道路，实现现代化，让国家繁荣富强起来、民族振兴强大起来、人民富裕强健起来。

"强起来"，是中国共产党初心使命的根本指向，是近代以来全体中华儿女内心深处最强烈的渴望、最光辉的梦想。

从 1921 年红船扬帆启航，经过新民主主义革命、社会主义革命和社会主义建设、改革开放和社会主义现代化建设、中国特色社会主义新时代的百年远征，中国共产党持续推进马克思主义基本原理同中国具体实际相结合、同中华优秀传统文化相结合，在马克思主义中国化理论成果指引下，带领全国各族人民走出了一条救国、建国、富国、强国的正确道路，推动中华民族迎来了从站起来、富起来到强起来的伟大飞跃。

一百年来，从推翻"三座大山"、为开展国家现代化建设创造根本社会条件，在革命时期就提出新民主主义工业化思想，到轰轰烈烈的社会主义工业化实践、"四个现代化"宏伟目标，"三步走"战略构想，"两个一百年"奋斗目标，中国共产党人对建设社会主义现代化强国的孜孜追求一刻也没有停歇。

新思想领航新征程，新时代铸就新伟业。

党的十八大以来，中国特色社会主义进入新时代，全面"强起来"的时代呼唤愈加热切。习近平新时代中国特色社会主义思想立足实现中华民族伟大复兴战略全局和世界百年未有之大变局，深刻回答了新时代建设什么样的社会主义现代化强国、怎样建设社会主义现代化强国等重大时代课题，擘画了建设社会主义现代化强国的宏伟蓝图和光明前景。

从党的十九大报告到党的十九届五中全会通过的《中共中央关于制定国民经济和社会发展第十四个五年规划和二〇三五年远景目标的建议》、党的十九届六中全会通过的《中共中央关于党的百年奋斗重大成就和历史经验的决议》，建设社会主义现代化强国的号角日益嘹亮、目标日益清晰、举措日益坚实。在以习近平同志为核心的党中央的宏伟擘画中，"人才强国"、"制造强国"、"科技强国"、"质量强国"、"航天强国"、"网络强国"、"交通强国"、"海洋强国"、"贸易强国"、"文化强国"、"体育强国"、"教育强国"，以及"平安中国"、"美丽中国"、"数字中国"、"法治中国"、"健康中国"等，一个个强国目标接踵而至，一个个美好愿景深入人心，一个个扎实部署深入推进，推动各个领域的强国建设按下了快进键、迎来了新高潮。

"强起来"，已经从历史深处的呼唤，发展成为我们这个时代的最高昂旋律；"强国建设"，就是我们这个时代的最突出使命。为回应时代关切，2021 年 3 月，我社发起并组织策划出版大型通俗理论读物——"问道·强国之路"丛书，围绕"强国建设"主题，系统集中进行梳理、诠释、展望，帮助引导大众特别是广大青年学习贯彻习近平新时代中国特色社会主义思想，踊跃投身社会主义现代化强国建设伟大实践，谱写壮美新时代之歌。

"问道·强国之路"丛书共 17 册，分别围绕党的十九大报告等党的重要文献提到的前述 17 个强国目标展开。

丛书以习近平新时代中国特色社会主义思想为指导，聚焦新时代建设什么样的社会主义现代化强国、怎样建设社会主义现代化强国，结合各领域实际，总结历史做法，借鉴国际经验，展现伟大成就，描绘光明前景，提出对策建议，具有重要的理论价值、宣传价值、出版价值和实践参考价值。

丛书突出通俗理论读物定位，注重政治性、理论性、宣传性、专业性、通俗性的统一。

丛书由中央党校哲学教研部副主任董振华教授担任主编，红旗文稿杂志社社长顾保国担任总审稿。各分册编写团队阵容权威齐整、组织有力，既有来自高校、研究机构的权威专家学者，也有来自部委相关部门的政策制定者、推动者和一线研究团队；既有建树卓著的资深理论工作者，也有实力雄厚的中青年专家。他们以高度的责任、热情和专业水准，不辞辛劳，只争朝夕，潜心创作，反复打磨，奉献出精品力作。

　　在共青团中央及有关部门的指导和支持下，经过各方一年多的共同努力，丛书于近期出版发行。

　　在此，向所有对本丛书给予关心、予以指导、参与创作和编辑出版的领导、专家和同志们诚挚致谢！

　　让我们深入学习贯彻习近平新时代中国特色社会主义思想，牢记初心使命，盯紧强国目标，奋发勇毅前行，以实际行动和优异成绩迎接党的二十大胜利召开！

中国青年出版社

2022年3月

"问道·强国之路"丛书总序：

沿着中国道路，阔步走向社会主义现代化强国

　　实现中华民族伟大复兴，就是中华民族近代以来最伟大的梦想。党的十九大提出到 2020 年全面建成小康社会，到 2035 年基本实现社会主义现代化，到本世纪中叶把我国建设成为富强民主文明和谐美丽的社会主义现代化强国。在中国这样一个十几亿人口的农业国家如何实现现代化、建成现代化强国，这是一项人类历史上前所未有的伟大事业，也是世界历史上从来没有遇到过的难题，中国共产党团结带领伟大的中国人民正在谱写着人类历史上的宏伟史诗。习近平总书记在庆祝改革开放 40 周年大会上指出："建成社会主义现代化强国，实现中华民族伟大复兴，是一场接力跑，我们要一棒接着一棒跑下去，每一代人都要为下一代人跑出一个好成绩。"只有回看走过的路、比较别人的路、远眺前行的路，我们才能够弄清楚我

们为什么要出发、我们在哪里、我们要往哪里去，我们也才不会迷失远航的方向和道路。"他山之石，可以攻玉。"在建设社会主义现代化强国的历史进程中，我们理性分析借鉴世界强国的历史经验教训，清醒认识我们的历史方位和既有条件的利弊，问道强国之路，从而尊道贵德，才能让中华民族伟大复兴的中国道路越走越宽广。

一、历经革命、建设、改革，我们坚持走自己的路，开辟了一条走向伟大复兴的中国道路，吹响了走向社会主义现代化强国的时代号角。

党的十九大报告指出："改革开放之初，我们党发出了走自己的路、建设中国特色社会主义的伟大号召。从那时以来，我们党团结带领全国各族人民不懈奋斗，推动我国经济实力、科技实力、国防实力、综合国力进入世界前列，推动我国国际地位实现前所未有的提升，党的面貌、国家的面貌、人民的面貌、军队的面貌、中华民族的面貌发生了前所未有的变化，中华民族正以崭新姿态屹立于世界的东方。"中国特色社会主义所取得的辉煌成就，为中华民族伟大复兴奠定了坚实的基础，中国特色社会主义进入了新时代。这意味着中国特色社会主义道路、理论、制度、文化不断发展，拓展了发展中国家走向现代化的途径，给世界上那些既希望加快发展又希望保持自身独立性的国家和民族提供了全新选择，为解决人类问题贡献了中国智慧和中国方案，同时也昭示着中华民族伟大复兴的美好前景。

新中国成立七十多年来，我们党领导人民创造了世所罕见的经济快速发展奇迹和社会长期稳定奇迹，以无可辩驳的事实宣示了中国道路具有独特优势，是实现伟大梦想的光明大道。习近平总书记在《关于〈中共中央关于制定国民经济和社会发展第十四个五年规划和二〇三五年远景目标的建议〉的说明》中指出："我国有独特的政治优势、制度优势、发展优势和机遇优势，经济社会发展依然有诸多有利条件，我们完全有信心、有底气、有能力谱写'两大奇迹'新篇章。"但是，中华民族伟大复兴绝不是轻轻松松、敲锣打鼓就能实现的，全党必须准备付出更为艰巨、更为艰苦的努力。

过去成功并不意味着未来一定成功。如果我们不能找到中国道路成功背后的"所以然"，那么，即使我们实践上确实取得了巨大成功，这个成功也可能会是偶然的。怎么保证这个成功是必然的，持续下去走向未来？关键在于能够发现背后的必然性，即找到规律性，也就是在纷繁复杂的现象背后找到中国道路的成功之"道"。只有"问道"，方能"悟道"，而后"明道"，也才能够从心所欲不逾矩而"行道"。只有找到了中国道路和中国方案背后的中国智慧，我们才能够明白哪些是根本的因素必须坚持，哪些是偶然的因素可以变通，这样我们才能够确保中国道路走得更宽更远，取得更大的成就，其他国家和民族的现代化道路才可以从中国道路中获得智慧和启示。唯有如此，中国道路才具有普遍意义和世界意义。

二、世界历史沧桑巨变，照抄照搬资本主义实现强国是没有出路的，我们必须走出中国式现代化道路。

现代化是18世纪以来的世界潮流，体现了社会发展和人类文明的深刻变化。但是，正如马克思早就向我们揭示的，资本主义自我调整和扩张的过程不仅是各种矛盾和困境丛生的过程，也是逐渐丧失其生命力的过程。肇始于西方的、资本主导下的工业化和现代化在创造了丰富的物质财富的同时，也拉大了贫富差距，引发了环境问题，失落了精神家园。而纵观当今世界，资本主义主导的国际政治经济体系弊端丛生，中国之治与西方乱象形成鲜明对比。照抄照搬西方道路，不仅在道义上是和全人类共同价值相悖的，而且在现实上是根本走不通的邪路。

社会主义是作为对资本主义的超越而存在的，其得以成立和得以存在的价值和理由，就是要在解放和发展生产力的基础上，消灭剥削，消除两极分化，最终实现共同富裕。中国共产党领导的社会主义现代化，始终把维护好、发展好人民的根本利益作为一切工作的出发点，让人民共享现代化成果。事实雄辩地证明，社会主义现代化建设不仅造福全体中国人民，而且对促进地区繁荣、增进各国人民福祉将发挥积极的推动作用。历史和实践充分证明，中国特色社会主义不仅引领世界社会主义走出了苏东剧变导致的低谷，而且重塑了社会主义与资本主义的关系，创新和发展了科学社会主义理论，用实践证明了马克思主义并没有过时，依然显示出科学思想的伟力，对世界社会主义发展具有深远历史意义。

从现代化道路的生成规律来看，虽然不同的民族和国家在谋求现代化的进程中存在着共性的一面，但由于各个民族和国家存在着诸多差异，从而在道路选择上也必定存在诸多差异。习近平总书记指出："世界上没有放之四海而皆准的具体发展模式，也没有一成不变的发展道路。历史条件的多样性，决定了各国选择发展道路的多样性。"中国道路的成功向世界表明，人类的现代化道路是多元的而不是一元的，它拓展了人类现代化的道路，极大地激发了广大发展中国家"走自己道路"的信心。

三、中国式现代化遵循发展的规律性，蕴含着发展的实践辩证法，是全面发展的现代化。

中国道路所遵循的发展理念，在总结发展的历史经验、批判吸收传统发展理论的基础上，对"什么是发展"问题进行了本质追问，从真理维度深刻揭示了发展的规律性。发展本质上是指前进的变化，即事物从一种旧质态转变为新质态，从低级到高级、从无序到有序、从简单到复杂的上升运动。在发展理论中，"发展"本质上是指一个国家或地区由相对落后的不发达状态向相对先进的发达状态的过渡和转变，或者由发达状态向更加发达状态的过渡和转变，其内容包括经济、政治、社会、科技、文化、教育以及人自身等多方面的发展，是一个动态的、全面的社会转型和进步过程。发展不是一个简单的增长过程，而是一个在遵循自然规律、经济规律和社会规律基础上，通过结构优化实现的质的飞跃。

发展问题表现形式多种多样，例如人与自然关系的紧张、贫富差距过大、经济社会发展失衡、社会政治动荡等，但就其实质而言都是人类不断增长的需要与现实资源的稀缺性之间的矛盾的外化。我们解决发展问题，不可能通过片面地压抑和控制人类的需要这样的方式来实现，而只能通过不断创造和提供新的资源以满足不断增长的人类需要的路径来实现，这种解决发展问题的根本途径就是创新。改革开放40多年来，我们正是因为遵循经济发展规律，实施创新驱动发展战略，积极转变发展方式、优化经济结构、转换增长动力，积极扩大内需，实施区域协调发展战略，实施乡村振兴战略，坚决打好防范化解重大风险、精准脱贫、污染防治的攻坚战，才不断推动中国经济更高质量、更有效率、更加公平、更可持续地发展。

发展本质上是一个遵循社会规律、不断优化结构、实现协调发展的过程。协调既是发展手段又是发展目标，同时还是评价发展的标准和尺度，是发展两点论和重点论的统一，是发展平衡和不平衡的统一，是发展短板和潜力的统一。坚持协调发展，学会"弹钢琴"，增强发展的整体性、协调性，这是我国经济社会发展必须要遵循的基本原则和基本规律。改革开放40多年来，正是因为我们遵循社会发展规律，推动经济、政治、文化、社会、生态协调发展，促进区域、城乡、各个群体共同进步，才能着力解决人民群众所需所急所盼，让人民共享经济、政治、文化、社会、生态等各方面发展成果，有更多、更直接、更实在的获得感、幸福感、安全感，不断促进人的全面发展、全体人民共同富裕。

人类社会发展活动必须尊重自然、顺应自然、保护自然，遵循自然发展规律，否则就会遭到大自然的报复。生态环境没有替代品，用之不觉，失之难存。环境就是民生，青山就是美丽，蓝天也是幸福，绿水青山就是金山银山；保护环境就是保护生产力，改善环境就是发展生产力。正是遵循自然规律，我们始终坚持保护环境和节约资源，坚持推进生态文明建设，生态文明制度体系加快形成，主体功能区制度逐步健全，节能减排取得重大进展，重大生态保护和修复工程进展顺利，生态环境治理明显加强，积极参与和引导应对气候变化国际合作，中国人民生于斯、长于斯的家园更加美丽宜人。

正是基于对发展规律的遵循，中国人民沿着中国道路不断推动科学发展，创造了辉煌的中国奇迹。正如习近平总书记在庆祝改革开放40周年大会上的讲话中所指出的："40年春风化雨、春华秋实，改革开放极大改变了中国的面貌、中华民族的面貌、中国人民的面貌、中国共产党的面貌。中华民族迎来了从站起来、富起来到强起来的伟大飞跃！中国特色社会主义迎来了从创立、发展到完善的伟大飞跃！中国人民迎来了从温饱不足到小康富裕的伟大飞跃！中华民族正以崭新姿态屹立于世界的东方！"

有人曾经认为，西方文明是世界上最好的文明，西方的现代化道路是唯一可行的发展"范式"，西方的民主制度是唯一科学的政治模式。但是，经济持续快速发展、人民生活水平不断提高、综合国力大幅提升的"中国道路"，充分揭开了这些违背唯物辩证法"独断论"的迷雾。正如习近平总书记在庆祝改革开放40周年大会上的讲话中所指出的："在中国这样一个有着5000多年文明史、13亿多人口的大国推进改革发展，没有可以奉为金科玉律的教科书，也没有可以对中国人民颐指气使的教师爷。鲁迅先生说过：'什么是路？就是从没路的地方践踏出来的，从只有荆棘的地方开辟出来的。'"我们正是因为始终坚持解放思想、实事求是、与时俱进、求真务实，坚持马克思主义指导地位不动摇，坚持科学社会主义基本原则不动摇，勇敢推进理论创新、实践创新、制度创新、文化创新以及各方面创新，才不断赋予中国特色社会主义以鲜明的实践特色、理论特色、民族特色、时代特色，形成了中国特色社会主义道路、理论、制度、文化，以不可辩驳的事实彰显了科学社会主义的鲜活生命力，社会主义的伟大旗帜始终在中国大地上高高飘扬！

四、中国式现代化是根植于中国文化传统的现代化，从根本上反对国强必霸的逻辑，向人类展示了中国智慧的世界历史意义。

《周易》有言："形而上者谓之道，形而下者谓之器。"每一个国家和民族的历史文化传统不同，面临的形势和任务不同，人民的需要和要求不同，他们谋求发展造福人民的具体路径当然可以不同，也必然不同。中国式现代化道路的开辟充分汲取了中国传统文化的智慧，给世界提供了中国气派和中国风格的思维方式，彰显了中国之"道"。

中国传统文化主张求同存异的和谐发展理念，认为万物相辅相成、相生相克、和实生物。《周易》有言："生生之谓易。"正是在阴阳对立和转化的过程中，世界上的万事万物才能够生生不息。《国语·郑语》中史伯说："夫和实生物，同则不继。以他平他谓之和，故能丰长而物归之；若以同裨同，尽乃弃矣。"《黄帝内经素问集注》指出："故发长也，按阴阳之道。孤阳不生，独阴不长。阴中有阳，阳中有阴。"二程（程颢、程颐）认为，对立之间存在着此消彼长的关系，对立双方是相互影响的。"万物莫不有对，一阴一阳，一善一恶，阳长而阴消，善增而恶减。"他们认为"消长相因，天之理也。""理必有对待，生生之本也。"正是在相互对立的两个方面相生相克、此消彼长的交互作用中，万事万物得以生成和毁灭，不断地生长和变化。这些思维理念在中国道路中也得到了充分的体现。中国道路主张合作共赢，共同发展才是真的发展，中国在发展过程中始终坚持互惠互利的原则，欢迎其他国家搭乘中国发展的"便车"。中国道路主张文明交流，一花独放不是春，世界正是因多彩而美丽，中国在国际舞台上坚持文明平等交流互鉴，反对"文明冲突"，提倡和而不同、兼收并蓄的理念，致力于世界不同文明之间的沟通对话。

中国传统文化主张世界大同的和谐理念，主张建设各美其美的和谐世界。为世界谋大同，深深植根于中华民族优秀传统文化之中，凝聚了几千年来中华民族追求大同社会的理想。不同的历史时期，人们都从不同的意义上对大同社会的理想图景进行过描绘。从《礼记》提出"天下为公，选贤与能，讲信修睦。故人不独亲其亲，不独子其子。使老有所终，壮有所用，幼有所长，鳏寡孤独废疾者皆有所养"的社会大同之梦，到陶渊明在《桃花源记》中描述的"黄发垂髫，并怡然自乐"的平静自得的生活场景，再到康有为《大同书》中提出的"大同"理想，以及孙中山发出的"天下为公"的呐喊，一代又一代的中国人，不管社会如何进步，文化如何发展，骨子里永恒不变的就是对大同世界的追求。习近平总书记强调："世界大同，和合共生，这些都是中国几千年文明一直秉持的理念。"这一论述充分体现了中华传统文化中的"天下情怀"。"天下情怀"一方面体现为"以和为贵"，中国自古就崇尚和平、反对战争，主张各国家、各民族和睦共处，在尊重文明多样性的基础上推动文明交流互鉴。另一方面则体现为合作共赢，中国从不主张非此即彼的零和博弈，始终倡导兼容并蓄的理念，我们希望世界各国能够携起手来共同应对全球挑战，希望通过汇聚大家的力量为解决全球性问题作出更多积极的贡献。

中国有世界观，世界也有中国观。一个拥有5000多年璀璨文明的东方古国，沿着社会主义道路一路前行，这注定是改变历史、创造未来的非凡历程。以历史的长时段看，中国的发展是一项属于全人类的进步事业，也终将为更多人所理解与支持。世界好，中国才能好。中国好，世界才更好。中国共产党是为中国人民谋幸福的党，也是为人类进步事业而奋斗的党，我们所做的一切就是为中国人民谋幸福、为中华民族谋复兴、为人类谋和平与发展。中国共产党的初心和使命，不仅是为中国人民谋幸福，为中华民族谋复兴，而且还包含为世界人民谋大同。为世界人民谋大同是为中国人民谋幸福和为中华民族谋复兴的逻辑必然，既体现了中国共产党关注世界发展和人类事业进步的天下情怀，也体现了中国共产党致力于实现"全人类解放"的崇高的共产主义远大理想，以及立志于推动构建"人类命运共同体"的使命担当和博大胸襟。

中华民族拥有在5000多年历史演进中形成的灿烂文明，中国共产党拥有百年奋斗实践和70多年执政兴国经验，我们积极学习借鉴人类文明的一切有益成果，欢迎一切有益的建议和善意的批评，但我们绝不接受"教师爷"般颐指气使的说教！揭示中国道路的成功密码，就是问"道"中国道路，也就是挖掘中国道路之中蕴含的中国智慧。吸收借鉴其他现代化强国的兴衰成败的经验教训，也就是问"道"强国之路的一般规律和基本原则。这个"道"不是一个具体的手段、具体的方法和具体的方略，而是可以为每个国家和民族选择"行道"之"器"提供必须要坚守的价值和基本原则。这个"道"是具有共通性的普遍智慧，可以启发其他国家和民族据此选择适合自己的发展道路，因而它具有世界意义。

路漫漫其修远兮，吾将上下而求索。"为天地立心，为生民立命，为往圣继绝学，为万世开太平"，是一切有理想、有抱负的哲学社会科学工作者都应该担负起的历史赋予的光荣使命。问道强国之路，为实现社会主义现代化强国提供智慧指引，是党的理论工作者义不容辞的社会责任。红旗文稿杂志社社长顾保国、中国青年出版社总编辑陈章乐在中央党校学习期间，深深沉思于问道强国之路这一"国之大者"，我也对此问题甚为关注，我们三人共同商定联合邀请国内相关领域权威专家一起"问道"。在中国青年出版社皮钧社长等的鼎力支持和领导组织下，经过各位专家学者和编辑一年的艰辛努力，几易其稿。这套丛书凝聚着每一位同仁不懈奋斗的辛勤汗水、殚精竭虑的深思智慧和饱含深情的热切厚望，终于像腹中婴儿一样怀着对未来的希望呱呱坠地。我们希望在强国路上，能够为中华民族的伟大复兴奉献绵薄之力。我们坚信，中国共产党和中国人民将在自己选择的道路上昂首阔步走下去，始终会把中国发展进步的命运牢牢掌握在自己手中！

是为序！

董振华

2022年3月于中央党校

前 言

党的十八大以来，以习近平同志为核心的党中央把生态文明建设作为统筹推进"五位一体"总体布局和协调推进"四个全面"战略布局的重要内容，提出要始终把生态文明建设放在突出地位，融入经济建设、政治建设、文化建设、社会建设各方面和全过程。在具体实践中，习近平总书记提出了"坚持人与自然和谐共生"的基本方略，阐明了新发展理念和"两山论"，强调要用最严格制度最严密法治保护生态环境，坚持以政治生态山清水秀守护自然生态山清水秀，实现了我国生态环境保护发生历史性、转折性、全局性变化。

当前，我国开启了全面建设社会主义现代化国家新征程，走向生态文明新时代，建设美丽中国是实现中华民族伟大复兴中国梦的重要内容，加快推进美丽中国建设具有重大意义。第一，建设美丽中国关乎中华民族的未来。生态文明建设是关系中华民族永续发展的千年大计。中国共产党为人类社会可持续发展进行积极探索，把美丽中国作为生态文明建设的宏伟目标，通过坚定不移走生产发展、生活富裕、生态良好的文明发展道路，实现中华民族的永续发展。第二，建设美丽中国关乎经济高质量发展。良好的生态环境是经济可持续发展的基础。人类的第一个历史活动是生产劳动，劳动和自然界一同构成一切财富的源泉。过度消耗自然资源、破坏生态环境必然会遭到大自然的报复，人类的生产生活也将难以为继，严重影响经济发展的质量。保护生态环境就是保护生产力，改善生态环境就是发展生产力。第三，建设美丽中国关乎社会公平。社会公平主要包括代内公平和代际公平。良好生态环境是最公平的公共产品和最普惠的民生福祉。在同一个时代，生态环境遭到人为破坏，其结果往往是少数人获益而多数人利益受损，影响了社会公平。如果以牺牲下一代人赖以生存的自然环境来换取当代人的利益，那么代际公平将受到严重损害。环境就是民生，青山就是美丽，蓝天也是幸福。

建设美丽中国，需要广大人民群众尤其是青少年的广泛参与和努力奋斗。为更好推动习近平新时代中国特色社会主义思想深入人心，推动美丽中国建设迈上新台阶，号召全社会踊跃投身绿化祖国、保护环境的生动实践，把建设美丽中国转化为全体人民自觉行动，特编写《建设美丽中国》一书。

本书以习近平新时代中国特色社会主义思想为指导，全面分析新时代建设美丽中国的重大意义、有利条件、主要任务、实践要求、根本保障，力图勾勒出建设美丽中国的任务书、时间表、路线图。本书共设九个章节，运用语言描述、图片展示、知识链接等多形式手段，系统回答了"为什么建设美丽中国、怎样建设美丽中国"等重大理论与实践问题，有助于大家进一步认识到生态环境保护的紧迫性和重要性，自觉担当时代赋予的历史使命，汇聚起磅礴的力量，为生态文明建设作出自己的贡献，不断书写美丽中国新篇章。

第 **1** 章

描绘大蓝地绿水清的新图景

——什么是美丽中国

坚持在发展中保障和改善民生，坚持人与自然和谐共生，协同推进人民富裕、国家强盛、中国美丽。

　　——习近平总书记在庆祝中国共产党成立100周年大会上的讲话（2021年7月1日）

党的十八大以来，美丽中国建设大潮涌动，一幅山清水秀的新画卷在祖国大江南北徐徐铺展开来。"还老百姓蓝天白云、繁星闪烁""还给老百姓清水绿岸、鱼翔浅底的景象""为老百姓留住鸟语花香田园风光"……习近平总书记以真挚的情怀、朴实的话语、优美的文字生动描绘的美好愿景正在逐步实现。当我们置身于绿水青山之间，徜徉于旖旎风光之中，由衷感怀以习近平同志为核心的党中央擘画建设美丽中国的宏伟蓝图和伟大实践。"美丽中国"是如何提出来的？建设"美丽中国"有哪些基本要求？"美丽中国"呈现哪些时代特征？深刻把握这些基本问题是新时代推动美丽中国建设的重要基础。

一、"美丽中国"的提出

改革开放以来，我国综合国力显著增强，人民生活水平明显提高。但是一些地方老百姓的腰包在鼓起来的同时，人居环境质量却在下降。雾霾笼罩、风沙肆虐、污水横流直接困扰百姓的生活，威胁人们的身体健康。为了既要鼓起"钱袋子"，又要保持"绿叶子"，更要挺起"腰杆子"，让人们生活在天蓝地绿水清的优美环境之中，党的十八大以来，以习近平同志为核心的党中央把建设生态文明摆在突出地位，把建设美丽中国作为重要战略部署。

（一）党的十八大首次提出了"美丽中国"

党的十八大报告强调："把生态文明建设放在突出地位，

融入经济建设、政治建设、文化建设、社会建设各方面和全过程，努力建设美丽中国，实现中华民族永续发展。"[1]中国共产党站在新的历史关口，赋予生态文明建设新的内涵，并从国家战略层面谋划建设美丽中国这一重大理论和实践问题。这既体现了我国生态文明建设的出发点和落脚点，也体现了我们党的执政理念。建设美丽中国，是关系人民福祉、关乎民族未来的长远大计，保护好生态环境是一道重要的"必答题"，不是一道可有可无的"附加题"。党的十八大以来，习近平总书记关于生态文明建设的重要论述、批示指示等达300多次，形成了系统完整的生态文明思想。党的十八届三中、四中全会先后提出"建立系统完整的生态文明制度体系""用严格的法律制度保护生态环境"等重要观点，将建设美丽中国提升到制度层面，充分说明保护生态环境、建设美丽中国不仅是事关民生的重要社会问题，而且是践行党的初心使命的重大政治问题。党的十八届五中全会提出"创新、协调、绿色、开放、共享"的新发展理念，通过了《中共中央关于制定国民经济和社会发展第十三个五年规划的建议》。在制定"十三五"规划时，习近平总书记为广大干部"去掉紧箍咒"，强调"不简单以GDP论英雄"，并力推将"美丽中国"写入五年规划。建设"美丽中国"五年规划目标的提出，展现了人民群众对美好生活的新期盼，反映了中国共产党对人类文明发展规律的新认识。

1.中共中央文献研究室：《十八大以来重要文献选编》（上），中央文献出版社第1版第1次印刷，2014年9月，第30—31页。

（二）党的十九大首次将"美丽"作为社会主义现代化强国目标

党的十九大提出要加快生态文明体制改革，建设美丽中国，首次将"美丽"作为社会主义现代化强国的目标内容，清晰规划了建设美丽中国的"时间表"：到2020年，坚决打好污染防治攻坚战；到2035年，生态环境根本好转，美丽中国目标基本实现；到21世纪中叶，建成富强民主文明和谐美丽的社会主义现代化强国。党的十九大围绕生态文明建设提出的一系列新思想、新目标、新要求和新部署，为建设天蓝地绿水清的美丽中国提供了根本遵循和行动指南。2018年3月11日，十三届全国人大一次会议表决通过了《中华人民共和国宪法修正案》，将美丽中国作为全面建成社会主义现代化强国的奋斗目标载入国家根本大法，进一步凸显了建设美丽中国的重大现实意义和深远历史意义。

（三）2035年美丽中国建设目标基本实现

党的十九届五中全会制定的"十四五"规划，将"生态文明建设实现新进步"作为五年经济社会发展的六大目标之一，擘画了生态文明建设的新蓝图，标注了美丽中国建设目标基本实现的时间表。"十四五"是夺取污染防治攻坚战阶段性胜利、深入推进美丽中国建设的关键期。现阶段我国生态文明建设的战略方向是以降碳为重点，将碳达峰、碳中和纳入生态文明建设整体布局，不断推动减污降碳协同增效，促进经济社会发展全面绿色转型。因而"绿色"一词频频"现身"，如绿色发展、绿色经济、绿色转型、绿色金融、绿色生活等。在"十四五"

规划中，美丽中国拥有亮丽的"绿色底色"。推动绿色发展，要守护"天然的绿色"；推动碳减排，要增添"转型的绿色"；依靠科技力量，要打造"智慧的绿色"，着力构建系统完备、高效实用、智能绿色、安全可靠的现代化基础设施体系，使生产生活方式绿色转型取得显著成效。

新时代提出建设美丽中国，目的是要推动生态环境保护高质量发展，夯实中国特色社会主义全面发展的基础。生态文明建设要求人类尊重自然、顺应自然、保护自然，实现人与自然和谐共生。建设美丽中国就是要使中国特色社会主义建设既要尊重社会发展规律，也要遵循自然规律。只有这样，才能把中国特色社会主义伟大事业推向新境界。

| 知识链接 |

美丽中国

2017年10月18日，习近平总书记指出："加快生态文明体制改革，建设美丽中国。"党的十九大明确实现美丽中国的"时间表"和"路线图"。从2020年到2035年，我国生态环境根本好转，美丽中国目标基本实现；从2035年到21世纪中叶，把我国建成富强民主文明和谐美丽的社会主义现代化强国。中国式现代化是人与自然和谐共生的现代化，美丽中国成为全面建设社会主义现代化国家重要目标之一。绿色是生命的象征、大自然的底色，更是美好生活的基础、人民群众的期盼。美丽中国是环境之美、心灵之美、生活之美、社会之美、百姓之美、时代之美的总和，建设美丽中国已经成为中国人民心向往之的奋斗目标。

二、建设"美丽中国"的基本要求

什么样的中国是美丽的？习近平总书记动情地描绘了人与自然和谐共生的美丽家园：让老百姓呼吸上新鲜的空气、喝上干净的水、吃上放心的食物、生活在宜居的环境中；让中华大地天更蓝、山更绿、水更清、环境更优美。朴实无华的话语反映了人民群众真切的期盼，体现了建设"美丽中国"的基本要求。

（一）建设美丽中国，必须树立人与自然和谐共生理念

人类如果对自然只讲索取、利用，不讲保护和投入，那不可避免会受到自然的报复和惩罚。我们要建设人与自然和谐共生的现代化，既要创造更多物质财富和精神财富以满足人民日益增长的美好生活需要，也要提供更多优质生态产品以满足人民日益增长的优美生态环境需要。近年来，随着经济社会发展以及人民生活水平不断提升，人民群众对高品质生活的要求越来越高，干净的水、清新的空气、安全的食品、优美的环境在老百姓生活幸福指数中的比重日益凸显，环境就是民生的理念深入人心，老百姓过去"盼温饱"，现在"盼环保"；过去"求生存"，现在"求生态"。因此，要以人与自然和谐共生为目标，坚持节约优先、保护优先、自然恢复为主的方针，加快推动绿色低碳发展，形成节约资源和保护环境的空间格局、产业结构、生产方式、生活方式。坚定走生产发展、生活富裕、生态良好的文明发展道路，还自然以宁静、和谐、美丽，努力建设望得见山、看得见水、记得住乡愁的美丽家园，不断满足人民群众日益增长的优美生态环境需要。

* 塞罕坝机械林场夏日景色（新华社，杨世尧/摄）

（二）建设美丽中国，必须践行绿水青山就是金山银山理念

2005年8月，时任浙江省委书记的习近平同志在浙江湖州安吉考察时提出"绿水青山就是金山银山"的科学论断。2017年10月，习近平总书记在党的十九大报告中强调，坚持人与自然和谐共生，必须树立和践行绿水青山就是金山银山的理念。2020年3月，习近平总书记在浙江省安吉县余村考察时强调要把绿水青山建得更美，把金山银山做得更大。2021年10月，国家主席习近平在《生物多样性公约》缔约方大会领导人峰会讲话中强调良好生态环境既是自然财富，也是经济财富，关系经济社会发展潜力和后劲。习近平总书记用绿水青山和金山银山作比喻，生动地阐明了经济发展与环境保护之间的辩证关系。经济发展不应是对资源和生态环境的竭泽而渔，生态环境保护也不应是舍弃经济发展的缘木求鱼，而是要坚持发展和保护同向而行，实现经济社会发展与人口资源环境协调推进。发展经济是人类过上更好生活的前提。过去人们局限于从事生产农产品、工业

品、服务产品等经济活动，忽视了对森林、草原、湖泊、湿地、海洋等生态空间的保护，导致生态退化、环境恶化、极端气候增多、自然灾害频发，清新空气、清洁水源、舒适环境越来越成为稀缺的生态产品。因此，必须充分认识到保护生态环境就是保护生产力、改善生态环境就是发展生产力。要取得经济发展与环境保护双赢，就必须自觉守住自然生态安全边界，促进自然生态系统质量整体改善，为子孙后代留下宜居宜业的美好家园。

| 知识链接 |

绿水青山就是金山银山

2005年8月，时任浙江省委书记的习近平同志在浙江湖州安吉考察时提出"绿水青山就是金山银山"的科学论断。2017年10月18日，习近平总书记在党的十九大报告中指出，必须树立和践行绿水青山就是金山银山的理念，坚持节约资源和保护环境的基本国策。习近平总书记多次强调要践行"绿水青山就是金山银山"理念，推进生态文明建设迈上新台阶。人不负青山，青山定不负人。生态文明与美丽中国紧密相连，建设青山常在、绿水长流、空气清新的美丽中国，关键是按照生态文明建设要求，将生态环境保护贯穿于经济、政治、文化和社会建设的全过程，促进经济发展和环境保护双赢，构建经济与环境协同共进的美丽家园。

（三）建设美丽中国，必须形成绿色发展方式和生活方式

建设美丽中国，必须形成绿色发展方式和生活方式，这也

是解决好人与自然和谐共生问题的重要抓手。坚持走绿色发展道路，就是要形成尊崇自然、绿色发展的生态体系，让资源节约、环境友好成为主流的生产生活方式，让人民群众在青山常在、清水长流、空气清新的良好生态环境中生产和生活。形成绿色发展方式和生活方式，推动经济社会发展全面绿色转型，关键是要健全规章制度。要加快建立绿色生产和消费的法律制度和政策导向，建立健全绿色低碳循环发展的经济体系。要构建市场导向的绿色技术创新体系，促进绿色技术的研发、转化和推广，发展绿色经济，壮大节能环保产业、清洁生产产业、清洁能源产业。推进能源生产和消费革命，构建清洁低碳、安全高效的能源体系。推进资源全面节约和循环利用，实施国家节水行动，降低能耗、物耗，实现生产系统和生活系统循环连接。倡导简约适度、绿色低碳的生活方式，反对奢侈浪费和不合理消费，建设节约型机关、绿色家庭、绿色学校、绿色社区，积极开展绿色出行活动，使绿色消费成为每一个公民的思想自省和行动自觉，为建设美丽中国添砖加瓦。

（四）建设美丽中国，必须统筹山水林田湖草沙系统治理

山水林田湖草沙是生命共同体。由山川、林草、湖沼等组成的自然生态系统，存在着无数相互依存、紧密联系的有机链条，牵一发而动全局。人的命脉在田，田的命脉在水，水的命脉在山，山的命脉在土，土的命脉在树。因此种树、治水、护田应该融会贯通、相辅相成，如果各自为战、顾此失彼，最终会造成生态的系统性破坏。我们必须清醒地认识到，无论是哪个地方、哪个部门、哪个群体，无论处于生态

环保的哪个环节，任何对生态环境的破坏，都会牵一发而动全身，影响整个生态环保大局。因此面对整个自然生态系统，一定要树立大局观，必须统筹山水林田湖草沙系统治理，即全方位、全地域、全过程开展生态文明建设，实现由各自为战到全域治理，多头管理到统筹协同的转变，坚决防止"头痛医头、脚痛医脚"。在实施系统性治理中，要统筹好生产、生活、生态的关系，推进三者协调发展。在污染防治中，基于空气、水流变动不居、跨区流动的特点，更加强调不同地区之间的协调联动、相互配合，防止各自为政、以邻为壑。在环境治理中，划定生态保护红线、优化国土空间开发格局、全面促进资源节约等各方面齐头并进，更加注重不同领域之间的分工协作；在生态文明体制改革中，更加注重各项制度之间的关联性、耦合性，不断完善生态治理的宏观体制、中观制度、微观机制，加快推进生态环境治理体系和治理能力现代化。生态本身就是一个有机系统，生态治理要坚持系统思维、整体推进，才能顺应生态环保的内在规律，取得生态治理的最优绩效。统筹山水林田湖草沙系统治理，需要加快推进生态系统保护和修复工程，优化生态安全屏障体系，构建生态廊道和生物多样性保护网络，提升生态系统质量和稳定性。完成生态保护红线、永久基本农田、城镇开发边界三条控制线划定工作。开展国土绿化行动，继续推进荒漠化、石漠化、水土流失综合治理，强化湿地保护和恢复，加强地质灾害防治。完善天然林保护修复制度，扩大退耕还林还草。严格保护耕地，扩大轮作休耕试点，健全耕地草原森林河流湖泊休养生息制度，建立市场化、多元化生态补偿机制。

（五）建设美丽中国，必须实行最严格生态环境保护制度

保护生态环境，最根本的是要依靠制度和法治。习近平总书记指出："推动绿色发展，建设生态文明，重在建章立制，用最严格的制度、最严密的法治保护生态环境，健全自然资源资产管理体制，加强自然资源和生态环境监管，推进环境保护督察，落实生态环境损害赔偿制度，完善环境保护公众参与制度。"[1] 这就为实行最严格的生态环境保护制度指明了方向，为建设美丽中国提供了制度和法治保障。

一是要改革生态环境监管体制。生态环境监管是一项复杂而系统的工程，必须加强对生态文明建设的总体设计和组织领导。党的十九大提出："设立国有自然资源资产管理和自然生态监管机构，完善生态环境管理制度，统一行使全民所有自然资源资产所有者职责，统一行使所有国土空间用途管制和生态保护修复职责，统一行使监管城乡各类污染排放和行政执法职责。"[2] 构建国土空间开发保护制度，完善主体功能区配套政策，建立以国家公园为主体的自然保护地体系。坚决制止和惩处破坏生态环境行为。严格遵循这些制度安排，致力于生态环境保护监管的科学性和综合性，防止出现监管真空。

二是健全生态环境考核评价机制。考核评价机制犹如"指挥棒"，在生态环境保护长效机制建设中扮演十分重要的角色。习近平总书记指出："最重要的是要完善经济社会发展考核评价

1.习近平：《推动形成绿色发展方式和生活方式 为人民群众创造良好生产生活环境》，载《光明日报》，2017年5月28日。
2.习近平：《习近平谈治国理政》（第三卷），外文出版社第1版第1次印刷，2020年6月，第41页。

体系，把资源消耗、环境损害、生态效益等体现生态文明建设状况的指标纳入经济社会发展评价体系，建立体现生态文明要求的目标体系、考核办法、奖惩机制，使之成为推进生态文明建设的重要导向和约束。"[1] 这就要建立健全科学合理的考评体系，使之成为推进生态环境保护的重要导向。生态环境保护任重道远，各地区各部门必须积极承担起生态文明建设的政治责任，提升制度的执行力。要将生态环境考核结果作为干部奖惩和提拔使用的重要依据，激发广大党员干部的工作积极性、主动性和创造性。以生态环境考核评价机制的刚性约束促进节能减排、绿色发展，为建设美丽中国提供有力制度保障。

三是完善生态环境惩戒制度。任何恣意破坏生态环境的言行，都是对生态环境保护制度权威的公然挑衅。环保制度执行不彻底、环保工作落实不到位，很大程度上源于违反制度的行为没有及时受到应有的惩戒。习近平总书记指出："对那些不顾生态环境盲目决策、造成严重后果的人，必须追究其责任，而且应该终身追究。真抓就要这样抓，否则就会流于形式。"[2] 要保持高压惩戒态势，强化环境执法监管，依法从重从严惩处破坏生态环境的违法行为，坚决打破一些地方"生态环境保护说起来重要，做起来次要"的怪象，要完善生态环境保护督察制度，让制度长出"钢齿"，形成保护生态环境的刚性约束，营造人人像爱护自己眼睛一样爱护生态环境的社会氛围，推动形成

1.中共中央文献研究室：《习近平关于社会主义生态文明建设论述摘编》，中央文献出版社第1版第1次印刷，2017年9月，第99页。
2.中共中央文献研究室：《习近平关于社会主义生态文明建设论述摘编》，中央文献出版社第1版第1次印刷，2017年9月，第100页。

人与自然和谐发展的现代化建设新格局，努力建设空气清新、水源干净、环境优良的美丽中国。

三、"美丽中国"的时代特征

"美丽中国"蕴涵山美、水美、景美、环境美、生活美，其实质是人与自然和谐共生，"美丽中国"呈现出鲜明的时代特征。

（一）美丽中国富有生动实践性

美丽中国是等不来、要不来的，而是在建设生态文明的生动实践中逐步实现的。建设美丽中国，需要建设美丽城市、美丽乡村、美丽森林、美丽海洋、美丽草原、美丽湿地……需要各行各业各地干部群众齐心协力、共同努力。党的十八大以来，以习近平同志为核心的党中央把生态文明建设纳入中国特色社会主义"五位一体"总体布局，史无前例地将生态文明建设上升为党的执政方针，摆在极其重要的位置。习近平总书记多次强调："像保护眼睛一样保护生态环境，像对待生命一样对待生态环境。"[1]保护生态环境既是重大民生问题，更是关系党的使命宗旨的重大政治问题。党的十八大以来，以习近平同志为核心的党中央带领人民开展了一系列根本性、开创性、长远性工作，坚决打赢污染防治攻坚战，统筹山水林田湖草沙系统治理。近年来，我国污染治理力度之大、制度出台频率之密、监管执

1.中共中央文献研究室：《习近平关于社会主义生态文明建设论述摘编》，中央文献出版社第1版第1次印刷，2017年9月，第12页。

法强度之硬、环境改善速度之快前所未有，生态文明建设取得历史性成就。"十三五"规划纲要确定的9项生态环境约束性指标均圆满完成。目前我国各级各类自然保护地面积占到陆域国土面积的18%，90%的陆地生态系统类型和85%的重点野生动物种群得到有效保护。我国拥有1.18万个自然保护地，大熊猫、珙桐等珍稀濒危物种种群实现恢复性增长，已记录陆生脊椎动物2900多种，有高等植物3.6万余种。2020年，全国重点城市PM2.5平均浓度比2013年下降54%、优良天数比率为87%。中国成为世界上治理大气污染最快的国家，越来越多的蓝天映射出我国生态文明建设的显著成就，也为建设美丽世界提供了中国方案和中国智慧。

（二）美丽中国具有辩证统一性

发展经济和保护环境不是对立的，而是辩证统一的。习近平总书记强调，绿水青山就是金山银山，保护环境就是保护生产力，改善环境就是发展生产力。精辟的话语深刻揭示了发展经济和保护环境的辩证关系，清晰指明了实现经济发展和保护生态环境协同共生的新路径。近年来，绿水青山就是金山银山的理念已经深入人心，绿水青山既是自然财富、生态财富，又是社会财富、经济财富。巍峨的高山、茫茫的草原、茂密的森林、碧蓝的天空、洁净的沙滩、宽阔的湖泊……都是大自然慷慨馈赠人类的财富，也是人类永续发展的物质基础。我们必须努力开辟一条兼顾经济与生态、开发与保护的发展新路，为子孙后代留下可持续发展的"绿色银行"。保护生态环境，就能充分利用绿水青山本身隐含的无穷的经济价值，就是保护经济社会发展的潜力和后劲。如果一味重视发展经济，但破坏了生态、恶化了环境，人们整天生活在雾霾中，吃的是含有毒素的食品，喝的是不洁净的水，呼吸的是不新鲜的空气，住的是不宜居的环境，那样的小康不是真正意义上的小康，更不是人民所希望的小康。习近平总书记在庆祝中国共产党成立100周年大会上强调："坚持人与自然和谐共生，协同推进人民富裕、国家强盛、中国美丽。"[1]正确认识绿水青山与金山银山的关系，就是要让绿水青山颜值更高、金山银山成色更足。利用自然优势发展特色产业，因地制宜选择好发展产业，在山水上谋发展、在生态上下功夫、在收入上显成效。实践证明，经济发展不能以破坏生态为代价，生态本身就是经济，保护生态就是发展生产力，用绿水青山敲开经济发展的新大门。让美丽变身发展资源，让生态环境培育新的经济增长点，促进地方经济转型升级。优美的环境"让城里人向往，让乡村人依恋，让游玩人着迷"，不断壮大"美丽经济"。

（三）美丽中国具有参与广泛性

如何保护和改善环境，实现绿色发展，建设美丽中国，全民参与是基础，也是必要条件。"每个人都是生态环境的保护者、建设者、受益者，没有哪个人是旁观者、局外人、批评家，谁也不能只说不做、置身事外。"[2]近年来，从北方地区冬季清洁取暖到一些城市试点垃圾分类，从蓝天、碧水、净土保

1.习近平:《在庆祝中国共产党成立100周年大会上的讲话》，载《求是》，第14期，2021年7月16日。

2.习近平:《习近平谈治国理政》（第三卷），外文出版社第1版第1次印刷，2020年6月，第362页。

卫战全面展开到城市黑臭水体治理等七大标志性战役打响，全社会全民总动员，合力打赢污染防治攻坚战。一是持续开展生态文明宣传教育工作，提高全民环保意识。习近平总书记指出："要加强生态文明宣传教育，增强全民节约意识、环保意识、生态意识，营造爱护生态环境的良好风气。"[1]这就要求各地区各部门积极营造生态文明宣传教育的氛围，帮助人们增强节约自然资源意识、保护环境意识、改善生态意识，培育生态道德，让天蓝地绿水清深入人心。二是倡导绿色生活从娃娃抓起。蓬勃开展绿色环保教育，提升青少年儿童生态环境保护意识。通过环保主题系列活动，倡导绿色低碳、节约适度的文明生活方式。创建环保科普基地，进一步提升环保科普单位的展示能力、创新能力和管理水平，让环保科普基地成为公众尤其是青少年参观以及学习环保科学知识的主战场，让孩子们在潜移默化中树立生态环保意识，养成保护环境的好习惯，自觉遵守社会公德。三是加强全民环保总动员，开展全面绿色行动，每一个人都要以主人翁姿态主动参与美丽中国建设。党的十八大以来，每年的植树节，习近平总书记带头参加首都义务植树活动。他强调："植树造林是实现天蓝、地绿、水净的重要途径，是最普惠的民生工程。要坚持全国动员、全民动手植树造林，努力把建设美丽中国化为人民自觉行动。"[2]每次扶苗培土都彰显着以习近平同志为核心的党中央推动绿色发展、践行生

1.中共中央文献研究室：《习近平关于社会主义生态文明建设论述摘编》，中央文献出版社第1版第1次印刷，2017年9月，第116页。
2.中共中央文献研究室：《习近平关于社会主义生态文明建设论述摘编》，中央文献出版社第1版第1次印刷，2017年9月，第118—119页。

态文明理念的坚定决心，有力引领了全社会积极建设美丽中国的良好风尚。近年来，各地各级领导干部带头，全民动手、全社会共同参与植树活动，一棵接着一棵栽，一任连着一任干，接连不断增长森林资源，减少沙化荒漠化土地面积。另外，加强企业环境治理责任制度建设，引导社会组织和公众共同参与环境治理。持之以恒、持续发力、久久为功，营造全社会共建共享美丽中国的浓厚氛围，使祖国大地绿起来、山川面貌美起来、人民生活品质好起来。

（四）美丽中国显现环境优美性

如果到了一个地方，满眼所及是一片"乱糟糟、脏兮兮"的景象，那么"美"就无从谈起。要使环境优美，就必须在工农业生产过程和人们日常生活中，尊重自然规律，保护好环境，大力发展环境友好型产业，致力于绿色生产、绿色生活、低碳发展，实现资源再生和废物循环利用。可以说，环境友好是美丽中国的外在表现与重要特征。环境是人类赖以生存的基础，美丽环境是人们实现美好生活愿景的重要保障。没有优美环境，就难以企及美好生活。美好生活是人类孜孜以求的奋斗目标，是我国建设社会主义现代化强国的价值旨归。在漫长的人类历史长河中，人与自然始终相互联系、相互作用。在自然环境影响和改变人类的同时，人类的实践活动也不断适应和改变着自然环境。毋庸置疑，人类的实践活动决定自然环境的现状。自然环境会因为人类不合理的、不科学的，甚至肆无忌惮的野蛮开发或利用而日益恶化，也会因为人类对大自然的敬畏和对自然环境精心呵护、科学合理改造而日趋美好。习近平总书记按下了美丽中国建设的"快进键"。过去10年，中国森林资源增长面积超过7000万公顷。如今的中国，绿意盎然，生机勃勃，森林覆盖率超过23%，新增绿化面积全球第一，城市里推窗见绿，人居环境明显改善，城市人均公园绿地面积增长到14.8平方米。另外，全国地表水优良水体比例达到83.4%，长江干流历史性实现全优水体。有媒体报道，南京长江大桥附近出现江豚群逐浪嬉戏的场景，"共抓大保护、不搞大开发"已经唱响了新时代绿色发展的长江之歌。

* 重庆市奉节县瞿塘峡峡口的美丽风光（新华社，王全超/摄）

（五）美丽中国彰显资源节约性

我国人口众多，人均土地和资源相对不足。据资料显示，全国大约有2/3的城市常年处于供水不足状态，耕地总数目逼近18亿亩红线，粮食播种面积缺口达20%。资源能源不断告急的现状，警示建设美丽中国必须高度重视资源问题，坚持走资源节约型道路，要集约、高效地利用有限的资源。毋庸置疑，如果出现资源供应链断裂，甚至资源枯竭，正常的生产生活资源供不应求，建设美丽中国就成了"无米之炊"。从这个角度来看，资源节约性是美丽中国的基本特征和内在要求，建设美丽中国的必要前提就是要珍惜资源、节约资源。"十四五"规划明确提出：全面提高资源利用效率，构建资源循环利用体系，大力发展绿色经济，构建绿色发展政策体系。实施有利于节能环保和资源综合利用的税收政策，大力发展绿色金融。健全自然资源有偿使用制度，推进固定资产投资项目节能审查、节能监察、重点用能单位管理制度改革等。如今的中国，生产方式越来越绿色，文明健康的生活成为时尚。例如，上海这座拥有2400多万常住人口的超大型城市有效实施垃圾分类政策，提高了垃圾的资源价值和经济价值。目前居民垃圾分类达标率提升到90%以上，力争物尽其用，生动诠释了文明习惯在"指间"，绿色生活在"心间"，资源节约在"民间"的良好风尚。另有资料显示近年来资源节约的成效：2015年到2019年，万元GDP用水量下降了23.8%；2019年，煤炭消费占能源消费总量的比重比2012年降低10.8个百分点，水电、风电等清洁能源消费占比则比2012年提高8.9个百分点；2012年到2019年，以能源消费年均2.8%的增长支撑了国民经济年均7%的增长。

建设生态文明是中华民族永续发展的千年大计。"十四五"规划明确了2025年美丽中国的模样，单位GDP能源消耗降低13.5%，单位GDP二氧化碳排放降低18%，地级及以上城市空气质量优良天数比例达到87.5%，地表水达到或好于三类水体比例达到85%，森林覆盖率达到24.1%，湿地保护率提高到55%，地级及以上城市PM2.5浓度下降10%。面向未来，以习近平同志为核心的党中央高瞻远瞩，提出2030年前实现碳达峰、2060年前实现碳中和，一场广泛而深刻的经济社会变革已经展开。

在开启全面建设社会主义现代化国家的新征程中，我们将用更大的勇气和决心向着建设美丽中国的目标砥砺奋进，坚定不移走生态优先、绿色发展之路，让子孙后代不仅享有丰富的物质生活，而且享受看见青山、闻到花香的美好生活。

第 2 章

此卷长留天地间

——建设美丽中国有哪些战略考量

环境就是民生，青山就是美丽，蓝天也是幸福，绿水青山就是金山银山；保护环境就是保护生产力，改善环境就是发展生产力。

——习近平总书记在省部级主要领导干部学习贯彻党的十八届五中全会精神专题研讨班上的讲话（2016年1月18日）

　　"日出江花红胜火，春来江水绿如蓝""落霞与孤鹜齐飞，秋水共长天一色""黄云万里动风色，白波九道流雪山"……每当吟咏这样的诗句，我们都似乎徜徉在绿水青山之中，感受大自然的瑰丽，领略天地之大美，激发起我们对美好生活的无限向往。美好的生活离不开美丽的家园。当前，我国开启了全面建设社会主义现代化国家新征程。人与自然和谐共生是我国社会主义现代化重要特征，"美丽中国"是社会主义现代化建设的重要目标。建设美丽中国具有多维的战略考量，生态文明建设是中华民族永续发展的千年大计，良好的生态环境是人民生活的增长点、经济社会持续健康发展的支撑点、展现我国良好形象的发力点。

一、永续发展的千年大计

　　人与自然的关系是千百年来萦绕在人们头脑中的重大问题，如何看待人与自然的关系直接关乎人类生存和发展。大自然给人类提供了生活和生产资料来源，人类在与自然的相互作用中不断发展进步。党的十八大以来，以习近平同志为核心的党中央高度重视生态环境保护，把生态文明建设提升到"中华民族永续发展的千年大计"的高度，丰富和发展了马克思主义生态观。

（一）人因自然而生

　　"人"字书写极其简单，非常容易识记，人们在启蒙阶段就能学会"人"字。英国著名戏剧家莎士比亚对人类也进行了描述："人类是一件多么了不起的杰作！多么高贵的理性！多么伟大的力量！多么优美的仪表！多么文雅的举动！在行为上多么像一个天使！在智慧上多么像一个天神！宇宙的精华！万物的灵长！"人类虽贵为"万物灵长"，创造了辉煌灿烂的文明，可是在很长历史时期里，人类对自身起源问题却是"隔着纱窗看晓雾"，莫衷一是。西方基督教经典《圣经》记载"上帝造人"的故事，古埃及人认为是神创造了天地间的一切，日耳曼文化则提出人类由植物变化而来，我国则有"女娲造人"的传说。一直到19世纪中叶，英国生物学家达尔文提出生物进化论，认为人类是生物长期进化的结果，至此这个谜团才得到科学的解答。在漫长的进化过程中，自然演化经历了从无机物到有机物、有机物到低等生物、低等生物到高等生物、高等生物到人类的飞跃。据科学家测算，宇宙的年龄大约是150亿年，地球的年龄大约是46亿年，地球生物的历史大约有33亿年，人类的历史大约有300万年。人因自然而生，人类是大自然的一部分。恩格斯指出："我们连同我们的肉、血和头脑都是属于自然界和存在于自然之中的。"[1]人与自然是生命共同体。大自然孕育了人类，大自然是人类的母亲。

（二）生态兴则文明兴

文明是指人类创造的物质财富和精神财富的总和。人类首先要满足吃穿住行等基本需要，才能创造历史。生态环境是人类生存的根基。人类的创造活动直接受到生态环境的制约，生

1.马克思，恩格斯:《马克思恩格斯文集》（第九卷），人民出版社第1版第1次印刷，2009年12月，第560页。

态环境的好坏直接影响文明的兴衰。现代考古学表明，人类文明的发源地均是水量丰沛、土地肥沃、生态良好的地区。尼罗河孕育了古埃及文明，底格里斯河和幼发拉底河孕育了古巴比伦文明，恒河与印度河孕育了古印度文明，黄河、长江孕育了灿烂的华夏文明。在农耕时代，人们偏爱选择水草丰茂之地而居。在这样的地方，丰沛的水资源可以灌溉农田，滋润两岸的草地和林木，有利于发展农牧业，丰富的鱼类资源还是人们重要的食物来源。千百年来，人们在山清水秀的环境中日出而作、日落而息，书写着"采菊东篱下，悠然见南山""风日晴和人意好，夕阳箫鼓几船归"的田园生活。工业文明同样离不开良好的生态环境。在现代化机器生产过程中，劳动者是生产力中最活跃的因素，是最宝贵的财富。天蓝地绿水清的宜居环境非常有利于劳动者的身体健康，为工业的发展奠定前提条件。相反，一旦生态环境遭到破坏，人民群众的生命健康将受到严重威胁，生产生活将难以为继，已有的文明也将走向衰落。习近平总书记指出："历史地看，生态兴则文明兴，生态衰则文明衰。古今中外，这方面的事例众多。"[1] 楼兰古国、波斯、美索不达米亚等曾经是繁荣富庶之地，后来由于过度砍伐树木而导致土地荒芜、河流干涸，最后文明消失。"衰草枯杨，曾为歌舞场"，给后人留下无尽的慨叹。我国古代河西走廊、黄土高原都是树木丛生、百草丰茂，后来由于乱砍滥伐，致使生态环境遭到严重破坏，经济走向衰落。工业时代也是如此。英国是"近代工业革命的

1.中共中央文献研究室：《习近平关于全面建成小康社会论述摘编》，中央文献出版社第1版第1次印刷，2016年6月，第164页。

摇篮"，也是大气污染较为严重的国家。近代英国政府对生态环境问题重视不够，任由大量工业废气自由排放。1952年12月爆发"伦敦烟雾事件"，导致数千人死亡，成为20世纪十大环境公害事件之一，敲响了保护生态环境的警钟。这些历史教训从反面说明了良好生态环境对人类生存的重要意义。

（三）一项久久为功的大事业

中国共产党致力于中华民族的千秋伟业，百年恰是风华正茂。实现中华民族的千秋伟业，生态文明建设是关系中华民族永续发展的根本大计。有人说有两种东西一旦失去后才知道可贵：一是青春，二是健康。实际上失去后才知道可贵的又何止于此，生态环境就是这样。习近平总书记指出："生态环境没有替代品，用之不觉，失之难存。"[1]生态环境具有"用之不觉"的特点。在日常生活中，司空见惯的绿水青山、蓝天白云似乎没有什么可贵之处，人们甚至认为砍伐树木、乱倒垃圾、排放废气等行为属于"恶小"而为之。量变导致质变，直到出现严重的环境污染才追悔莫及。病来如山倒，病去如抽丝。正如治病一样，生态环境的修复也是一个长期过程，不能"毕其功于一役"。时任浙江省委书记的习近平同志写过《生态省建设是一项长期战略任务》，他把修复生态环境比作治理社会生态病："这种病是一种综合征，病源很复杂，有的来自不合理的经济结构，有的来自传统的生产方式，有的来自不良的生活习惯等，其表

1.习近平：《习近平谈治国理政》（第二卷），外文出版社第1版第1次印刷，2017年11月，第209页。

* 工人在辽宁抚顺西露天矿内植树（新华社，杨青/摄）

现形式也多种多样，既有环境污染带来的'外伤'，又有生态系统被破坏造成的'神经性症状'，还有资源过度开发带来的'体力透支'。总之，它是一种疑难杂症，这种病一天两天不能治愈，一服两服药也不能治愈，它需要多管齐下，综合治理，长期努力，精心调养。"[1]生态环境的修复需要长期努力，据科学研究表明，一节1号含汞电池能使1平方米的土地失去利用价值且污染期长达30年，被汞、镉、铅、铜、铬等重金属污染的土壤可能需要上百年时间才能够恢复。水土流失、土地荒漠化治理需要几十年甚至上百年，影响几代人、十几代人。比如说，历史上的塞罕坝是一处水草丰沛、森林茂密、禽兽繁集的"千

1.习近平:《之江新语》，浙江人民出版社第1版第1次印刷，2007年8月，第49页。

里松林"，在近代遭受开围放垦、大肆砍伐，新中国成立之初变成"黄沙遮天日，飞鸟无栖树"的荒凉景象。从20世纪60年代，我国开始实施塞罕坝的治沙工程。砍树容易种树难。半个多世纪以来，三代塞罕坝人以坚韧不拔的斗志，克服了各种难以想象的困难，终于在荒寒遐僻的塞北高原，建成了一道绿色的屏障。如果要再现当年"山川秀美、林壑幽深"的景象，还需要付出更多努力和时间。习近平总书记指出："造林绿化是功在当代、利在千秋的事业，要一年接着一年干，一代接着一代干，撸起袖子加油干。"[1]新时代全党全社会要坚持绿色发展理念，弘扬塞罕坝精神，在建设美丽中国的征程上驰而不息，久久为功，大力推进生态文明建设。

| 知识链接 |

塞罕坝精神

塞罕坝位于河北省承德市围场满族蒙古族自治县境内，这里集高寒、高海拔、大风、沙化、少雨五种极端环境于一体，自然环境十分恶劣。20世纪60年代，塞罕坝林场建设者听从党的召唤，在"黄沙遮天日，飞鸟无栖树"的荒漠沙地上艰苦奋斗、甘于奉献。经过长期努力，他们成功营造了上百万亩人工林，创造了一个变荒原为林海、让沙漠成绿洲的绿色奇迹，用实际行动诠释了绿水青山就是金山银山的理念，铸就了牢记使命、艰苦创业、绿色发展

1.中共中央文献研究室：《习近平关于社会主义生态文明建设论述摘编》，中央文献出版社第1版第1次印刷，2017年9月，第121页。

的塞罕坝精神。塞罕坝精神是成百上千名造林人用汗水和生命凝结而成，是中国共产党人的精神谱系的组成部分。新时代大力弘扬塞罕坝精神，对于引导全社会牢固树立生态优先、绿色发展理念，加快推进生态文明建设具有重大现实意义。

二、人民美好生活的增长点

人民对美好生活的向往就是中国共产党的奋斗目标。新中国成立70多年来，中国共产党团结带领全国各族人民励精图治、艰苦奋斗，创造了世所罕见的经济快速发展奇迹和社会长期稳定奇迹，取得举世瞩目的伟大成就。随着人民生活水平不断提高，人民群众更加关注生态环保，对优美生态环境的需要不断增长，生态文明建设日益成为人民美好生活的增长点。

（一）中国共产党人的初心和使命

无产阶级革命家张闻天说过一句名言：生活的理想是为了理想的生活。自古以来，人们就对美好生活孜孜以求。儒家经典文献《礼记·礼运》描述了"大同梦"："大道之行也，天下为公，选贤与能，讲信修睦。故人不独亲其亲，不独子其子，使老有所终，壮有所用，幼有所长，鳏寡孤独废疾者皆有所养，男有分，女有归。"历史绵延上千年之后，太平天国颁布《天朝田亩制度》，提出要建立"有田同耕，有饭同食，有衣同穿，有钱同使，无处不均匀，无人不饱暖"的理想社会，反映了当时广大农民的愿望。由于生产力水平低下和社会历史的局限性，这些美好愿望只能是"镜中花""水中月"。在我国历史的长河中，虽然也出现西汉的"文景之治"、唐代的"开元盛世"、清代的"康乾盛世"，但持续时间较短。"人世难逢开口笑，上疆场彼此弯弓月。"对于广大劳动人民而言，"开口笑"的好日子是很难遇到的，正如鲁迅所言，他们只是处于两种时代：一是想做奴隶而不得的时代；二是暂时做稳了奴隶的时代。1840年鸦片战争以后，中国逐渐成为半殖民地半封建社会，国家蒙辱、人民蒙难、文明蒙尘，中华民族遭受了前所未有的劫难。为了实现民族独立、人民解放，农民阶级、资产阶级改良派和革命派先后实施各种救国方案，但都以失败而告终。中国共产党人以挽救民族危亡为己任，接续奋斗。习近平总书记在《在庆祝中国共产党成立100周年大会上的讲话》中指出："中国共产党一经诞生，就把为中国人民谋幸福、为中华民族谋复兴确立为自己的初心使命。"[1]在波澜壮阔的历史进程中，中国共产党始终与时代共命运、与人民心连心。人民对美好生活的向往就是中国共产党人的奋斗目标。"为有牺牲多壮志，敢教日月换新天。"无论在革命年代还是社会主义建设时期，无数共产党员为了党和人民的利益抛洒青春和热血，谱写了一曲曲感天动地的壮丽诗篇，以实际行动昭告党的初心和使命。

（二）社会主要矛盾的变化

在不同的历史时期，因为社会主要矛盾的不同，人民生

1.习近平：《在庆祝中国共产党成立100周年大会上的讲话》，载《求是》，第14期，2021年7月16日。

活需求的内容也不尽相同。美国著名社会心理学家马斯洛将人类需求从低到高按层次分为生理需求、安全需求、社交需求、尊重需求和自我实现需求五个层次，当低层次的需求被普遍满足之后，高层次的需求就会被激发出来，美好生活在需求不断满足之中得到实现和提升。在半殖民地半封建的近代中国，占支配地位的主要矛盾是帝国主义和中华民族的矛盾、封建主义和人民大众的矛盾。在三座大山压迫下，人民生活在水深火热之中，毫无幸福可言，"生存还是死亡"是他们要面对的首要问题。党带领人民群众实行土地革命，让农民分得了属于自己的土地，解决了基本生存问题。翻身的农民唱起《农友歌》："往日穷人矮三寸哪，如今是顶天立地的人哪！"以此来表达喜悦心情。新中国成立后，党领导人民群众进行社会主义革命和建设，迅速荡涤旧社会的污泥浊水，发展社会生产力。1956年社会主义改造基本完成后，党的八大指出："我们国内的主要矛盾，已经是人民对于建立先进的工业国的要求同落后的农业国的现实之间的矛盾，已经是人民对于经济文化迅速发展的需要同当前经济文化不能满足人民需要的状况之间的矛盾。"[1]1978年，党的十一届三中全会决定把党和国家的工作重点转移到社会主义现代化建设上来。1981年，党的十一届六中全会对我国社会主要矛盾作了新概括："在社会主义改造基本完成以后，我国所要解决的主要矛盾，是

1.《中共中央文件选集（一九四九年十月～一九六六年五月）（第24册）》，人民出版社第1版第1次印刷，2013年6月，第248页。

人民日益增长的物质文化需要同落后的社会生产之间的矛盾。"[1] 社会主要矛盾决定改善人民生活就在于解放和发展生产力。在改革开放和社会主义现代化建设新时期，我国综合国力明显增强，国际地位随之不断提升。2020年，我国经济总量突破100万亿元，占世界经济比重达到17%左右。我国已经成为世界第二大经济体，人均国内生产总值突破1万美元，已稳居中等收入国家，正在向着高收入国家行列稳步迈进；我国是第一大工业国、第一大货物贸易国、第一大外汇储备国。科技创新和重大工程捷报频传，天宫、蛟龙、天眼、悟空、墨子、大飞机等重大科技成果相继问世，展示了中国人民的自信与豪情，真可谓"可上九天揽月，可下五洋捉鳖，谈笑凯歌还"。随着生活水平不断提高，人民群众对美好生活的向往更加强烈。党的十九大指出，我国社会主要矛盾已经转化为人民日益增长的美好生活需要和不平衡不充分的发展之间的矛盾。社会主要矛盾的变化表明，人民群众不仅对物质文化生活提出了更高要求，而且在民主、法治、公平、正义、安全、环境等方面的要求日益增长。人民生活需求的层次性也体现在我国社会主义现代化建设奋斗目标之中。党的十三大提出建设"富强、民主、文明的社会主义现代化国家"的奋斗目标，党的十七大把"和谐"与"富强、民主、文明"一起写入党的基本路线，党的十九大把"美丽"纳入党的基本路线。在社会主义现代化建设进程中，物质文明、政治文明、精

1.颜晓峰：《我国社会主要矛盾变化的重大意义》，载《人民日报》，2018年1月4日。

神文明、社会文明、生态文明先后写入党的基本路线，反映了人民群众社会需求层次的不断变化。

（三）绿水青山是人民美好生活的重要内容

生态文明写入党的基本路线时间最晚，表明对生态环境重要性认识有个过程。改革开放以来，我国在经济快速发展的同时，生态环境问题也日益凸显。"沱江特大水污染""松花江重大水污染""太湖蓝藻污染"等事件，无不引起人们的关注和忧虑。习近平总书记指出："多年快速发展积累的生态环境问题已经十分突出，老百姓意见大、怨言多，生态环境破坏和污染不仅影响经济社会可持续发展，而且对人民群众健康的影响已经成为一个突出的民生问题，必须下大气力解决好。"[1] 良好的生态环境成为新时代人民幸福生活的增长点。以前是"盼温饱"，现在是"盼环保"，过去是"求生存"，如今是"求生态"，人人都期盼享有更加优美的生态环境，人人都希望享受更多优质的生态产品。环境就是民生，青山就是美丽，蓝天也是幸福。良好的生态环境与改善人民生活品质紧密相关。生态环境关乎身体健康。新鲜的空气、洁净的饮水、绿色的食品都是增进人体健康必不可少的元素，这些元素都离不开良好的生态环境。生态环境关乎社会公正。良好生态环境是人人享有的公共产品和民生福祉。如果一些个人和群体为了谋取利益而污染空气和水源，将会导致周围无辜居民身体受到伤害。对于这些居民来说，原

1.习近平：《习近平谈治国理政》（第二卷），外文出版社第1版第1次印刷，2017年11月，第392页。

本属于自己的公共产品和福祉被"偷走",而且还要为治疗疾病支付医疗费用。"最公平的公共产品"变成少数人谋取利益的工具,严重破坏社会公平,增加社会戾气。生态环境关乎审美情趣。美好生活需要诗意的栖息,优美的自然环境是诗意栖息的佳处。许多古代圣贤为了抒发情感、怡情养性,往往寄情山水,隐居于青山绿水之中。在长期的体悟中,他们写下"仁者乐山,智者乐水""我见青山多妩媚,料青山见我应如是""相看两不厌,只有敬亭山"等诗句,表明人与自然的审美关系。大自然这种独特的审美功能对提升人民生活品质极为有益。当人们生活在绿草茵茵、流水潺潺、鸟语花香的优美环境之中,目之所及,生机盎然的景象给人以希望和力量;耳之所闻,清脆悦耳的天籁之声给人以返璞归真之感。长此以往,健康平和心态随之而来,奋发向上情感油然而生。

＊ 大兴安岭夏日林海秀美景色(新华社,刘磊/摄)

三、经济社会持续健康发展的支撑点

大自然为人类提供生活和生产的基本物质来源，生态环境是人类生存和发展的根基。人们在从事经济社会活动时，需要不断与自然进行物质、能量和信息等交换。生态环境一旦遭到破坏，人与自然的物质、能量和信息的交换就要受到严重影响，经济社会发展将难以为继。生态文明建设是经济社会持续健康发展的支撑点。

（一）可持续发展战略的内涵

"人生代代无穷已，江月年年只相似。"一句唐诗道出了人类社会永续发展的客观规律。实行经济社会可持续发展，需要对自然资源合理利用。两千多年前，我国思想家孟子提出，"不违农时，谷不可胜食也；数罟不入洿池，鱼鳖不可胜食也；斧斤以时入山林，材木不可胜用也"。[1]只要不违背农时、不耽误百姓耕种，粮食就吃不完；不用细密的网在池塘里捕捞，鱼鳖就吃不完；按照时令采伐林木，木材就用不完。在小农生产方式条件下，由于生产力水平低，生态环境问题并不凸显。资本主义生产方式确立后，资产阶级为了获得更多的利润，进行大规模的商品生产，消耗大量的自然资源，造成对生态环境的严重破坏。马克思曾批判资本如果有百分之五十的利润，它就会铤而走险；如果有百分之百的利润，

1.【宋】朱熹集注：《孟子》，上海古籍出版社第 1 版第 3 次印刷，2013 年 7 月，第 3 页。

它就敢践踏人间一切法律。西方国家在资本逻辑的主导下，多次发生环境公害事件，敲响了人类生存发展的警钟。20世纪60年代，美国生物学家蕾切尔·卡森创作了科普读物《寂静的春天》。她告诫人类，杀虫剂和化学品的滥用会引发生态灾难，森林里的雀鸟也会被毒害，春天将变得寂静。在众多有识之士推动下，保护生态环境、实现经济社会可持续发展逐渐成为共识。20世纪80年代，全球能源消耗和环境破坏的形势日益严峻，如何实现人类经济社会的可持续发展，引起全世界共同关注。1987年，世界环境与发展委员会第一次提出"可持续发展"概念，1989年5月举行的第15届联合国环境署理事会通过了《关于可持续发展的声明》，1992年的世界环境和发展大会以"可持续发展"为指导方针，制定并通过了《21世纪行动议程》和《里约宣言》等重要文件，正式提出了可持续发展战略。可持续发展战略可以从时、空两个维度来考察。从时间来看，既考虑满足当代经济社会发展的需求，又考虑到子孙后代的长远利益。从空间来看，既考虑本国和本地域发展的需求，又考虑其他国家和地域发展的需求。1995年9月，党的十四届五中全会正式将可持续发展战略写入《中共中央关于制定国民经济和社会发展"九五"计划和2010年远景目标的建议》，提出"必须把社会全面发展放在重要战略地位，实现经济与社会相互协调和可持续发展"，这是在党的文件中第一次使用"可持续发展"的概念。1997年，党的十五大进一步明确将可持续发展战略作为我国经济发展的战略之一。从此以后，可持续发展战略成为我国经济社会发展的重要指南。

（二）绿水青山就是金山银山

实现可持续发展战略，关键是正确把握绿水青山与金山银山的关系问题。生产劳动离不开劳动资料、劳动对象、劳动者三个基本要素。自然界中的生态环境是劳动对象和劳动资料的基础和材料，是创造财富不可或缺的要件。绿水青山与金山银山既会产生矛盾，又可辩证统一。2006年3月8日，时任浙江省委书记的习近平同志在中国人民大学的一次演讲中，用生动的语言阐述了"绿水青山"与"金山银山"的关系。"在实践中对绿水青山和金山银山这'两座山'之间关系的认识经过了三个阶段：第一个阶段是用绿水青山去换金山银山，不考虑或者很少考虑环境的承载能力，一味索取资源。第二个阶段是既要金山银山，但是也要保住绿水青山，这时候经济发展和资源匮乏、环境恶化之间的矛盾开始凸显出来，人们意识到环境是我们生存发展的根本，要留得青山在，才能有柴烧。第三个阶段是认识到绿水青山可以源源不断地带来金山银山，绿水青山本身就是金山银山，我们种的常青树就是摇钱树，生态优势变成经济优势，形成了浑然一体、和谐统一的关系，这一阶段是一种更高的境界。"[1]这三个认识阶段也是螺旋式上升过程。从只看到"绿水青山"到"金山银山"对立性一面到走向两者的辩证统一，实现思想认识上的飞跃。党的十八大以来，以习近平同志为核心的党中央高度重视生态文明建设，提出"创新、协调、绿色、开放、共享"五大发展理念，坚决摒弃以牺牲生态环境

1.赵建军：《新时代推进生态文明建设的重要原则》，载《光明日报》，2019年2月11日。

换取一时一地经济增长的做法。良好的生态环境已经成为经济社会持续健康发展的支撑点。在"十四五"期间,我国政府将更加注重经济质量的提升,其中绿色经济将扮演重要角色。生态环境好的地方可以利用自身优势,大力发展绿色经济。比如说,东北一些林区转型发展,封山育林,种植蓝莓、榛果、木耳、蘑菇、木雕、药材等生态经济作物,收到良好的经济效益。随着生活水平的日益提高,旅游成为休闲度假的重要方式之一。旅游业的发展可以带动旅馆、餐饮、交通、娱乐等行业的相应发展,拥有绿水青山的地方成为人们旅游的好去处。在习近平总书记"两山论"的指导下,浙江安吉关停一些污染严重的工厂,充分利用良好的生态环境,发展绿色产业。如今数以百亿元计的茶业、椅业、竹业是安吉"绿色"产业的三张名片,推

＊浙江省安吉县天子湖镇南北湖湿地公园(新华社,夏鹏飞/摄)

动当地经济社会的快速发展，美丽环境转变成了实实在在的美
丽经济。

| 知识链接 |

新发展理念

在党的十八届五中全会上，习近平总书记提出要切实
贯彻创新、协调、绿色、开放、共享的发展理念，并强调这
是关系我国发展全局的一场深刻变革，必须充分认识这场变
革的重大现实意义和深远历史意义。创新、协调、绿色、开
放、共享的发展理念，相互贯通、相互促进，是具有内在联
系的集合体。创新注重的是解决发展动力问题，协调注重的
是解决发展不平衡问题，绿色注重的是解决人与自然和谐
问题，开放注重的是解决发展内外联动问题，共享注重的是
解决社会公平正义问题。新发展理念是我国经济社会发展思
路、发展方向、发展着力点的集中体现，具有战略性、纲领
性、引领性，是我国发展理论的又一次重大创新。

（三）自觉把经济社会发展同生态文明建设统筹起来

2021年中国共产党迎来百年华诞，全国各族人民在党的领
导下顺利实现了第一个百年奋斗目标，在中华大地上全面建成
了小康社会，历史性地解决了绝对贫困问题，正在意气风发地
向着全面建成社会主义现代化强国的第二个百年奋斗目标迈进。
在建设社会主义现代化国家新征程上，我们还会面临来自生态
环境方面的风险和挑战。我国土地辽阔，但是沙化土地较多。
为了揭示中国人口分布规律，1935年我国著名地理学家胡焕庸

在中国地图上沿黑龙江瑷珲向西南至云南腾冲画出一条界线，把全国分为东南和西北两半，这条线被称为"胡焕庸线"。习近平总书记指出："'胡焕庸线'东南方43%的国土，居住着全国94%左右的人口，以平原、水网、低山丘陵和喀斯特地貌为主，生态环境压力巨大；该线西北方57%的国土，供养大约全国6%的人口，以草原、戈壁沙漠、绿洲和雪域高原为主，生态系统非常脆弱。"[1]我国人口众多，自然资源的人均占有量大都低于世界平均水平。能源资源相对不足、生态环境承载能力不强，这是我国生态文明建设需要面对的实际情况，这也决定了我国建设现代化国家不可能走美欧老路。生态文明建设事关中华民族永续发展和第二个百年奋斗目标的实现，在建设中国特色社会主义现代化道路上，我们要自觉把经济社会发展同生态文明建设统筹起来，保护生态环境就是保护生产力，改善生态环境就是发展生产力。我国是世界上最大的发展中国家，作为一个负责任的大国，必须坚持人与自然和谐共生，牢固树立和践行绿水青山就是金山银山的理念，像保护眼睛一样保护生态环境，像对待生命一样对待生态环境，实行最严格的生态环境保护制度，坚定走生产发展、生活富裕、生态良好的文明发展道路。

四、展现国家良好形象的发力点

中国特色社会主义进入新时代，为了进一步提升国家影响

1.习近平：《推动我国生态文明建设迈上新台阶》，载《求是》，第3期，2019年2月1日。

力，中国需要向世界呈现更加全面、立体、真实的国家形象。
保护生态环境是全球面临的共同挑战，在世界上引起了越来越
多的关注，这就意味着哪个国家在生态环境保护方面取得成就，
就能赢得国际社会的赞誉。生态文明建设成为新时代展现国家
良好形象的发力点。

（一）国家形象的内涵与构成

形象指人们对某个特定对象所持的信念、观念与印象。小
到个人、大到国家都会有一定的形象，社会个体生活在一定群体
之中，他们的一言一行都会给人留下特定的印象。一个国家与世
界其他各国交往中表现出的行为、活动也会形成评价，展示出特
定的国家形象。或是积贫积弱、国小民穷，或是国强民富、地大
物博；或是霸权至上、恃强凌弱，或是坚持正义、勤劳勇敢；等
等。国家形象作为一国的"名片"，是国家软实力的体现，在对
外交流方面发挥重要作用。影响国家形象的因素主要是一个国家
的政治、经济、军事、文化、人口、地理等状况。人口、地理、
历史等因素在一定的时期基本不变，属于常量，政治、经济、军
事等因素随着时代变化而不断变化，属于变量。国家形象的改变
主要取决于变量因素。外界对一个国家的评价既可能来源于经济
等单个因素，也可能来源于政治、经济、军事等因素的综合评
价。在不同历史时期，不同因素对形成国家形象的作用也不同。
战争年代，一个国家采取的政治和军事策略对国家形象有较大影
响；和平建设时期，经济因素对国家形象有重要影响。当前，全
球面临的生态环境问题日益严峻，有些问题具有普遍性，如气候
变化、臭氧层的破坏、水资源短缺、生物多样性锐减等。有些问

题是区域性、局部性的，但其影响和危害是跨国、跨地区的，如酸雨、海洋污染、有毒化学品和危险废物越境转移等。在这样的历史背景下，如何对待生态环境成为一个国家展示对外形象的重要窗口。

（二）新时代展现良好国家形象的必要性

中国特色社会主义进入新时代，我国迎来了从站起来、富起来到强起来的伟大飞跃。实现中华民族伟大复兴是党矢志不移的奋斗目标。实现这一宏伟目标，离不开全体中华儿女的共同努力，也离不开良好的外部环境。营造良好的外部环境，需要展示良好的国家形象。2014年3月27日，国家主席习近平在中法建交50周年纪念大会上说："拿破仑说过，中国是一头沉睡的狮子，当这头睡狮醒来时，世界都会为之发抖。中国这头狮子已经醒了，但这是一只和平的、可亲的、文明的狮子。"[1]这一重要论断提出了向世界展示"和平的、可亲的、文明的"国家形象新要求。就生态文明而言，习近平总书记提出牢固树立尊重自然、顺应自然、保护自然的意识，坚持走绿色、低碳、循环、可持续发展之路。展示良好国家形象也是应对西方国家"环境威胁论"的需要。一些西方国家认为，资源、能源日益短缺，环境问题日益严重，中国发展模式已经对其邻国的环境构成了威胁，他们提出所谓的证据是中国工业经济正在逐渐污染亚太地区乃至全球的空气，严重加剧了全球变暖状况，损害

1.习近平：《出席第三届核安全峰会并访问欧洲四国和联合国教科文组织总部、欧盟总部时的演讲》，人民出版社第1版第1次印刷，2014年4月，第25页。

了其他国家人民身体健康，指责中国的发展是"不负责任的发展"。这些言论罔顾事实，严重损害我国国家形象。生态环境成为我国展示良好国家形象的发力点。

（三）向世界讲好中国绿色发展的故事

党的十八大以来，习近平总书记高度重视中国国家形象问题，强调"要注重塑造我国的国家形象，重点展示中国历史底蕴深厚、各民族多元一体、文化多样和谐的文明大国形象，政治清明、经济发展、文化繁荣、社会稳定、人民团结、山河秀美的东方大国形象"。[1]其中"山河秀美"是生态文明建设的内在要求，是大国形象的重要内容。党的十八大以来，以习近平同志为核心的党中央高度重视生态文明建设，坚持人与自然和谐共生的理念，加大环境治理力度，积极参与国际生态环境治理，努力打造洁净美丽的世界，生态文明建设取得举世瞩目的成就。当前，我国声音的国际传播还相对弱小，时常处于"有理说不出""说了传不开"的境地，无法很好地体现我国的大国地位和展示我国的大国形象。讲好中国绿色发展的故事，首先要精心选取生动素材。故事具有生动性、形象性、口语化等特点，容易入脑入心。精彩的小故事能够寄寓深刻的大道理。当前，我们要主动讲好中国从强调"金山银山"到学会守护"绿水青山"的故事，企业由规模和速度的高速增长向质量和效益提高的高质量发展转型的故事，中国携手世界各国应对

1.习近平：《习近平谈治国理政》（第一卷），外文出版社第2版第1次印刷，2018年1月，第162页。

全球生态危机的故事等，展现中国故事背后蕴含的思想力量和精神力量，展示真实、立体、全面的中国。其次还要加强我国国际传播能力建设。我们既要有"酒香不怕巷子深"的自信，也要有"好风凭借力"的智慧。随着移动互联网技术的普及发展，微博、微信、客户端等新兴媒体已成为新的话语平台，极大丰富了传播形态和传播途径。要瞄准传播领域的技术前沿，抓住新一轮技术革命的历史性机遇，把握国际传播领域移动化、社交化、可视化的趋势，善于运用新技术、新手段，实现传统媒体和新兴媒体全覆盖，让"中国故事"传得更远、"中国声音"叫得更响。

第 **3** 章

成败得失寸心知

——建设美丽中国如何汲取经验教训

工业化进程创造了前所未有的物质财富，也产生了难以弥补的生态创伤。杀鸡取卵、竭泽而渔的发展方式走到了尽头，顺应自然、保护生态的绿色发展昭示着未来。

——国家主席习近平在北京世界园艺博览会开幕式上的讲话（2019年4月28日）

保护和改善生态环境是当前人类的共同使命。全球范围内的生态环境问题有共通性，也有地域性。在加强生态文明建设，积极谋求高质量绿色发展的背景下，一方面我们需要积极总结国际环境治理过程中的教训，学习先进经验；另一方面需要系统总结新中国成立以来我国生态文明建设的成功经验和不足之处，探寻新发展阶段的生态保护与环境治理有效方式，推进生态文明建设的实践。

一、西方国家环境治理的惨痛教训

西方主要发达国家工业化早期产生了严重的环境污染问题，环境公害频频发生，西欧、美国、日本等西方国家积极应对，制定了严格的环境保护措施，环境普遍得到有效治理和根本改善。虽然我国国情与这些国家和地区差异明显，但同样面临着工业化所带来的环境破坏的严峻形势和环境治理的艰巨任务，结合实际分析和汲取西方国家在环境治理上的相关教训，对中国特色社会主义生态文明建设具有积极意义。

（一）重经济效益，轻环境保护

资产阶级革命和工业革命极大地提高了生产力，释放了人们对物质的欲望，形成以注重经济增长为特征的社会发展阶段。大规模的资源开发和利用，不断地改变着自然界，环境污染、生态破坏的现象日益突出。在这种社会性追求财富的背景下，人们没有意识到环境治理的重要性，更不会为了治理环境而影响经济增长。不可否认，工业化的确是当时实现经济增长的重要方式，但也是造成环境问题的直接原因。在注重经济增长、追求财富的社会洪流面前，环境往往被当作一种公共资源和外部因素，被人们抱着"不用白不用"的心态掠夺式地开发乃至滥用。尽管当时人们普遍感受到环境污染所导致的危害，但同时也极大地享受着工业化所带来的利益。环境问题被当作实现工业化所必须付出的代价。在这种认识支配下，西方国家出现若干环境污染事件，并由此危及人们的居住环境，影响人们的生命存续和生活品质，付出了巨大的代价。20世纪30年代到60年代，环境污染和环境公害事件频繁发生，造成了许多人发病和死亡。

在工业化过程中，如何处理经济增长与环境治理之间的关系不仅考验着人们的政治智慧，还影响着国家的长远发展。在多重因素的影响下，近代西方国家走的是典型的"先污染后治理"的道路，在付出巨大代价后才开始进行环境治理。这提醒我们，尽管当前我国以经济建设为中心，但污染治理和环境保护的工作绝不是可有可无的。必须切实树立"绿水青山就是金山银山"的理念，任何时候都不能无视经济与生态环境协调发展的原则，不能轻视环境治理的重大和长远意义，更不能以牺牲生态环境为代价谋求经济的一时发展。

（二）重市场调节，轻政府调控

工业化时代，适应资本主义自由竞争趋势所提出的自由放任的经济理论对西方社会各领域产生了重要影响。这一理论认为，自由市场是解决一切问题的灵丹妙药，主张让市场自行其道，从而解决由政府运作造成的低效问题。然而，在生态环境保护和治理的问题上，资金和技术并没有按照市场供求规律自由流向环境治理领域，也没有企业和个人主动为环境治理承担责任。这是因为环境具有显著的外部性，缺乏明确的产权归属，使其成为人们竞相利用却无人维护的"公地"，而这种无序无度的利用不可避免地导致了环境破坏的"公地悲剧"。受自由放任理论的影响，人们不重视甚至抵制环境治理中的政府干预。因此，我们看到西方国家的政府在工业化发展相当长的时间内，在城市规划与建设、排污、垃圾清运、空气清洁、卫生保健等公共事务上少有成效，使得近代早期西方国家的环境污染愈演愈烈。

| 知识链接 |

公地悲剧

"公地悲剧"或"公有资源的灾难"是1968年英国加勒特·哈丁（Garrett Hardin）教授在《公地的悲剧》（*The tragedy of the commons*）一文中首先提出的。他认为，牧羊者作为理性人希望各自收益最大化，但在公共草地上牧羊，牧羊人增加收入的同时，也增加了草地的负担。如果牧羊者一味地增加羊群数量，不顾草地承载能力造成过度放牧，会使草地状况恶化。公共资源每个人都有使用权，但没有权利阻止他人使用。如果抱着"及时捞一把"的心态过度使用资源，会产生森林过度砍伐、渔业资源过度捕捞、环境污染等问题，造成事态恶化，成为"悲剧"。公共物品由于其产权界定存在困难，如果被侵占或者竞争性地过度使用，则必然会产生这样的结果。

西方工业化过程中的这一历史教训告诉我们，由于环境具有典型的外部性并缺乏明晰的产权，单纯靠市场供求规律来实现资源利用和环境治理领域的优化配置存在严重的弊端。市场和政府是经济调控和社会治理的两种基本手段。市场这只"无形的手"有助于弥补一些缺陷与不足，而包括环境治理在内的公共事务领域，政府应发挥主导作用。有效市场和有为政府在现代环境治理过程中缺一不可。

（三）重末端治理，轻源头过程管控

注重从末端进行污染治理是近代西方国家环境治理的重要特征，它同当时的技术发展水平、治理成本因素以及人们的科学认知程度等直接相关，也是当时未能有效遏制环境恶化的重要原因。如在空气污染的治理上，受末端治理思维的影响，倾向于改进烟囱内部结构和提升烟囱高度，而不是改进工艺减少煤烟排放。在水污染的治理中也同样可以看到这种末端治理的模式。以19世纪中期对被工业污水和生活污水严重污染的泰晤士河的治理为例，伦敦大都市工务局修建了隔离排污下水管道系统，将全市的污水直接汇集到两岸的水库中，然后趁落潮时开闸排污，同落潮的河水一起排入大海。但这并不能解决根本问题，源头预防才是环境治理的根本措施。"二战"前近代西方国家环境治理轻视源头管控的主要表现还有以下方面：第一，能源结构不合理，以煤炭为生产生活的主要能源，消耗资源的同时带来大量污染；第二，工业发展粗放，受科技水平所限，生产工艺相对粗陋，生产资料利用不充分；第三，绿化建设落后于城市发展，森林绿化破坏严重，环境自净能力降低；

第四，环境教育水平低，可持续发展理念和环保意识未能深入人心。

在环境治理过程中，末端治理是一种典型的"头痛医头、脚痛医脚"的外部治理模式，而源头预防则是一种"防患于未然"的内生治理模式。两种模式的运用既关系到眼前的污染治理，又影响到长远的生态建设。在近代的环境治理中，西方国家较早认识到末端治理的重要性，并采取了一些污染治理措施，但对源头预防和管控不足，导致环境恶化趋势没有得到及时遏制，"按下葫芦漂起瓢"，环境污染问题层出不穷。"预则立，不预则废"，我国的生态文明建设既要立足当前更要谋长远，既要对影响社会经济发展和人民生活的污染问题进行重点治理，又要预先谋划、提前布局，从源头上遏制环境问题的产生。

综上所述，面对工业化和城市化进程中产生的严重污染问题，在近代西方国家的环境治理中，经过了长期艰难摸索，走了许多弯路，也付出了沉重的代价。"二战"后，西方国家在吸收了这些教训的基础上才逐步实现了环境的有效治理。今天的中国虽然在诸多方面与这些国家和地区存在显著差异，但面临的环境问题和治理任务也有许多相近之处。因此，我们有必要认真汲取近代西方国家在环境治理上的深刻教训，结合自身实际探索出社会主义生态文明建设的中国道路。

二、当代国外生态保护的成功做法

我国当前处于新发展阶段，这是促进经济发展全面绿色转型的关键时期，生态文明建设的各项制度和配套措施亟待健全。

西方发达国家在长期治理和保护环境的实践中，积累了丰富而具有成效的经验，值得我们反思和借鉴。

（一）引得失以绳，而明曲直——重视环境法治的持续建设

当前，西方发达国家多已建立比较完善的环境法律体系。生态环境保护的法治建设包括环境立法、执法和司法等。西方发达国家的环境立法思想可追溯到亚里士多德在《政治学》中阐述的法治观。为应对工业经济引发的早期环境污染问题，西方发达国家早在18世纪60年代就开启了环境立法。这一时期的立法以大气污染、水污染防治等单项法为主。随着生态环境与经济发展之间的矛盾扩大，出现噪声、固体污染物、放射性物质、有毒化学品等一系列污染防治法，主要为限制性规定或采用治理技术，防治范围也不断扩大。1972年《人类环境宣言》发表，各国深刻认识到环境问题的严峻性，环境立法日趋完善，很多国家出台了综合性的环境保护基本法，实施了预防为主、综合防治的政策和措施。以美国为例，其环境立法以《国家环境政策法》为核心，以涉及空气、水、固废、有毒物质处理和控制的单行法为主体，其他相关的成文法和判例、习惯法为补充。日本的环境法律体系以《环境基本法》为基础，以《环境影响评价法》《绿色采购法》为辅助，以公害防治系列法、废弃物再循环对策系列法、地球环境安全系列法等20多部单行法为主导，形成相互配合、协调一致的法律体系。英国、加拿大则将环境相关法律整合，英国的《污染控制法》（1974）和《环境法》（1995），加拿大的《环境保护法》（1988）都是将单行法整合为一部范围更广泛的综合性法律文件。法国则采用

法典法模式，于1998年颁布了《环境法典》。其环境法律体系涵盖范围广，环境法治已较为完善。

环境标准是环境法治建设中的一个重要组成部分，是污染排放和环境执法的依据，也是环境管理的重要手段。其种类繁多，具有法律性和技术性的特点。国际标准化组织（ISO）在1972年首次提出环境基础标准和方法标准。西方发达国家多强调环境标准制定的科学性、严格性和高标准性，注重违反环境标准后处理措施的强制性。

国家环境管理职能在环境法上的具体体现是环境法律制度。国际环境法律制度主要有：一是环境影响评价制度。如欧盟1985年通过并多次修订的《环境影响评价指令》。二是排污许可证制度。如美国的排污许可证制度框架比较完善、规范；欧盟的排污许可政策则分为欧盟层面和成员国层面，欧盟层面建立许可证制度并为成员国的许可证管理提供基本框架，并以此作为执法的重要依据。此外，清洁生产制度、环境信息公开制度、环境应急制度、环境信息和监测网络制度等的实施也为环境立法和执法提供了强劲的支撑。纵观全球各国的环境保护工作，环境执法起了重要作用。当前西方国家由于环境立法相对完善，接下来的主要工作是完善已有的法律法规，加强环境执法力度，推进环境治理体系的完善和治理能力的提高。

（二）不以规矩，不能成方圆——构建较为完善的环境保护管理体制

环境保护管理体制是环境管理中的核心部分。环境问题具

有综合性、广泛性、潜在性等特点，其管理难度大，这就要求
环境保护管理体制应系统、规范。西方发达国家相对健全的运
营机制对环境保护和管理实践具有重要作用。各国由于国情和
发展历程与阶段存在差异，各自的环境保护政策、管理体制的
机构结构和运行机制不尽相同，但具有一些普遍的经验。一是
环境管理机构职权划分明确，且有法律规定和保障；二是各级
工作协调有效，地方政府层面在法律规定的范畴内有一定的灵
活性；三是建立跨界生态环境保护管理和协调机构；四是生态
环境保护管理体制的保障机制较为健全，有一套部门协调、资
金保障、人员保障机制。

对于环境管理而言，综合决策的落实至关重要。西方发达
国家通过提高环境保护机构的地位，建立各种环境保护协调机
制来保证环保综合决策能够落到实处，取得了良好的成效。如
法国将各种自然资源保护的职能集中在"生态、可持续发展、
交通和住房部"，能源及其他矿产、地产、耕地等资源利用管理
分别放在经济—财产与工业部、地方平等和住房部、农业—食
品—渔业—农村事务及土地整理部。美国联邦环保局作为联邦
政府执行部门的独立机构，职权较大。政府一般通过立法的手
段来扩大和保障环保机构的职权。跨界生态环境保护管理机构
对区域环境事务的管理和协调也具有重要作用。如，美国在田
纳西河、特拉华河等流域设置机构进行环境事务的管理和协调；
法国生态部下设立了26个地区环境局，在全国六大流域分别建
立管理机构；澳大利亚设立了墨累河流域委员会；日本在环境
省下设立了7个地方环境事务所。

（三）有机结合、灵活运用——实施多样化经济激励政策

与命令控制型的管理政策相比，经济激励政策具有减排成本低、创新激励作用强等特点，因此得到广泛应用。20世纪80年代后期，美国和一些欧洲国家开始注重运用经济激励政策，广泛应用的有税费类激励政策，如环境税、排污收费、环境责任险等；交易类经济激励，如排污权交易制度。此外，还有补贴、绿色信贷等其他类型的经济激励政策。其中，排污交易和财政补贴手段也是环境治理中常见的经济手段。欧洲许多国家采取污染赔偿制度，如果企业排放的污染影响到公共生活，企业需承担污染治理的责任，同时赔偿损失，严格的制度迫使企业减少污染事件发生。以德国的生态治理为例，其推行的"产废付费"原则促使企业或个人为了减少费用，自觉进行垃圾分类和处理，而环境押金制度主要是对可能造成污染的商品征收费用，如果用户将有污染可能性的东西返还到回收系统，那么费用也返还。

环境税是以"污染者付费"原则为基础的环境经济措施，其针对性强，主要面向危害较大的污染物征税，范围广、种类多，计税方法灵活。西方国家通过征收环境税来激励污染者减少排放、减少能源和资源消耗。由于各国情况不同，环境税的税费结构也存在很大差别。欧盟环境税主要包括污染、交通、能源和资源四个方面，且较好地处理了征税中的地区发展差异问题。美国环境税收制度较完善，税种繁多，征收范围广，还有相应的税收优惠政策。日本的环境税制度经历了从针对能源、废弃物等进行征税到碳税制度的渐进式发展，取得了较好的环境治理效果。

|知识链接|

环境税

环境税是把环境污染和生态破坏的社会成本，内化到生产成本和市场价格中，再通过市场机制来分配环境资源的一种经济手段。一般认为，这是英国经济学家阿瑟·塞西尔·庇古1920年在《福利经济学》一书中最早提出的。他认为导致市场资源失效的原因是经济主体的私人成本和社会成本不一致。在"完美竞争市场"条件下，只要选择一种"最优税率"进行征税，就能够弥补排污者生产的私人成本和社会成本之间的差距，使两者相等，从而改善社会总福利。环境税通过经济手段来纠正污染排放过程中社会成本超出私人成本而扭曲资源配置。随着环境保护税理论研究逐渐深入，欧美各国的环保政策逐渐减少直接干预手段的运用，多采用特定税种，如二氧化硫税、水污染税、噪声税、固体废物税、垃圾税等来维护生态环境。

（四）保护环境、节约能源的重要保障——不断推进环保产业与技术的发展

在可持续发展和全球环境治理的背景下，作为保护环境、节约能源重要保障的环保产业与技术是当前世界各国着力发展的领域之一。从行业分布来看，市场规模最大的环保产业分布在水供应—废水处理、回收—循环和废弃物管理领域，而空气污染防治、污染土地的复垦和整治、环境咨询及相关服务等领域发展规模也较大。

从全球环保产业发展的地区分布来看，发达国家和地区在

技术水平和市场份额上占有绝对优势，主要集中于美国、西欧和日本，这些国家和地区发展起步早，积累了很多经验。其中日本环保产业已与电子、汽车并列成为世界三大先进技术产业，为日本的经济发展和环境保护做出了较大的贡献。德国作为世界上最大的空气过滤器、智能仪表等环保产品出口国，在节能减排方面做出了巨大贡献。这些国家环保产业的发展与环保法律法规和环保标准的实施密不可分，通过严格的强制规定，刺激并带动了环保产业的发展。此外，财税政策也对环保产业的发展起到了引导和激励作用。比如，日本建立相应的补贴、减税和优惠融资制度，并投入资金大力支持环保技术研发与成果转化。德国为环保企业提供优惠贷款，为污染物减量排放的企业减免税收，对环保工程和节能设备进行补贴等。由此可见，各国普遍出台多样化措施积极推进环保产业的发展。

＊德国西门子移动式变电站模型（新华社，张玉薇/摄）

环保技术主要包括污染防治技术、环境监测与信息技术等。其中污染防治技术涉及不同污染的治理，对降污减排起到重要作用。污染物监测技术、卫星遥感技术和大数据的发展极大地提高了环境监测及管理成效。以美国为例，其环境信息管理技术位于世界前列。在1967—2002年的三十多年中先后颁布了11部联邦法律法规，为大数据发展提供支持。2009年，美国政府将大量数据库向公众开放，进一步实现信息公开化。2012年，美国政府发布了《大数据研究和发展倡议》，开展大数据研发计划，为环境数据的获取提供充足的支撑。环保技术发展对西方发达国家环境改善和生活质量的提高起到明显的作用。

（五）凝聚多方力量协同推进——鼓励公众参与和开展环境教育

良好的环境离不开多元生态治理主体共同参与，各负其责，通力合作。政府管理与公众参与相互结合可以推进环境保护相关法律和政策的实施，促进全社会形成自觉的环保意识。1972年以来，联合国环境与发展会议先后多次肯定并强调了公众参与的重要作用，认为其能够有效避免环境保护中"市场失灵"和"政府失灵"。西方国家公众参与的主体有个人、社区、企业、社会组织等，可参与到国家环境管理的预测、决策中，并具有一定的监督权。公众可以通过很多途径参与环境保护和环境管理，如环境保护组织、咨询委员会、听证会、座谈会等。许多国家在环境法中就明确了公众参与的权益和程序。如在美国，与公共卫生有关的政策法规明确规定相关法律法规出台前，应通过座谈会和听证会征求公众的意见。

值得一提的是，公众参与生态环境保护的程度与公众环保意识密切相关，因此通过环境保护宣传、教育和培训，帮助公众逐渐树立以保护环境为荣的道德观和价值观十分必要。发达国家在环境教育方面投入较大，如瑞典、加拿大、新西兰、西班牙等国家陆续将可持续发展教育纳入中小学基础教育当中。在环境保护公众参与程度较高的日本，从2003年起就颁布专项环境教育法以保障广泛的环境教育，增进民众的环保热情和公众参与程度。

三、中华人民共和国成立后我国生态文明建设的探索

中华人民共和国成立以来，我国经济社会建设驶入快车道。在大力发展经济的过程中，坚持进行生态文明建设，取得一系列成功经验，同时也有一些深刻教训。无论是经验还是教训，都是新发展阶段推进生态文明建设的宝贵财富。

（一）坚持中国特色的生态文明建设之路

生态文明建设的探索是对人与自然关系认知不断深化的过程，也是由理论到实践不断加强的过程。新中国成立以来，我国在生态发展的道路上不懈探索。从发展历程来看，新中国成立初期，在推进工业化的过程中逐渐认识到生态环境建设的重要性，积极开展植树造林、兴修水利等环境保护工程，取得明显成效。这一时期也有部分地区为了发展工业，在资源开发和科技运用方面缺乏节制，存在毁林开荒、围湖造田等破坏生态环境的现象。改革开放以后，随着我国经济的快速发展，工业

污染物排放量也随之增加，有的地方出现了严重的环境污染问题。在积极借鉴、吸收国内外经验的基础上，我国提出可持续发展的构想，环境保护成为一项基本国策，出台了一系列环境保护的法律法规。在开展大规模交通建设、水利工程建设、资源开发的过程中，积极倡导和践行生态发展理念，保障经济健康平稳发展。1994年，《中国21世纪议程（草案）》审议通过，可持续发展战略被确定为国家重大发展战略。它指导人与自然关系的认知由对抗逐渐走向和谐统一。党的十六届三中全会提出了"坚持以人为本，树立全面、协调、可持续的发展观，促进经济、社会和人的全面发展"。党的十八大以来，进一步将生态文明建设纳入"五位一体"的总体布局，并将建设美丽中国作为重要目标，明确了美丽中国价值目标实现的有效途径。一方面，坚持以人民利益为出发点，让人们享受生态、技术与经济协调发展的成果；另一方面，坚持多元利益的协调发展，确保经济发展和生态环境保护。

（二）逐步健全环境法律体系

新中国成立以来，我国生态环境保护工作以政府为主导，在环境法律制度建设上有了长足的发展，形成了初具规模的环境立法、执法和司法体系。从法律层面逐步规范中国的环境保护工作，为生态文明发展之路提供了法律保障。在环境立法方面，我国现行的环境法体系主要以宪法为基础，由环境保护基本法、单行法、地方性环境法规和地方政府规章、环境标准等组成，架构较为完善，但还存在诸多问题。从发展历程来看，1978年《中华人民共和国宪法》修订时增加了保护环境和自然资源、防治污染等内容，为环境保护法律体系的构建奠定了基础。1979年颁布试行《中华人民共和国环境保护法》。这些法律文件的颁布和实施表明我国环境法律体系正在逐步建立，也体现了生态文明建设已纳入中国社会发展的战略全局。1991年，全国人大通过《关于开展全民义务植树运动的决议》，确定植树造林和绿化祖国是全体人民的义务；同期先后出台若干环境单项法，环境保护法律和制度体系不断完善。由于社会经济的不断发展，已颁布的法律如《野生动物保护法》（1988）、《土地保持法》（1991）、《电力法》（1995）、《煤炭法》（1996）、《气象法》（1999）、《大气污染防治法》（2000）等多已重新修订。在环境执法方面，我国环境执法体系涉及部门较多。"统一监管、分工负责"是我国目前环保法明确规定的管理体制。由于环境执法涉及部门较多，协调起来存在一定的困难。从纵向看，环境执法主体容易受地方政府制约。为了加强中央政府的领导、推动和监督作用，中央全面深化改革领导小组通过了《环境保护督查方案（试行）》，提出要构建"国家监察、地方监管、企业负责"的环境监察体制。尽管当前已有不少相关环保律法，但生态环境工作效率不高，行业企业违规排污、破坏生态等现象屡禁不止，呈现许多新问题，这与相关法律不够健全、环境立法惩处不够合理、守法成本高于违法成本、环境问题执法监管不到位等紧密相关。此外，在环保法律体系的系统化、生态法治的落实、环保教育与宣传等方面仍有待加强。

（三）不断完善环境管理制度体系

作为环境保护工作的基础，我国生态环境制度体系不断完善。政府环保部门承担环境保护制度的执行、监督等职能。《环境保护法》对"统一监督管理与部门分工负责相结合"这一原则作了规定，涉及十多个分管部门。此外，国家还设立了环境保护督查中心和流域管理机构以解决区域生态环境保护问题。尽管环境管理体制不断完善，但是环境管理中仍存在多部门参与、职责交叉、协调性不够、条块分割等问题。根据《中华人民共和国水法》，国家对水资源实行流域管理与行政区域管理相结合的管理体制。然而水利部派出的七大流域管理机构并不负责全流域的管理，仅对部分重要河道、水库、工程等进行管理，流域的其他部分仍由地方政府管理。因此，成立跨区域的流域管理机构实现统一管理，不断完善流域协调议事机制十分必要。党的十八大以来，我国明确提出坚持和完善生态文明制度体系。具体来看，目前已建立的制度包括自然资产产权制度、能源和水资源使用制度、主体功能区制度、土地使用制度、生态文明建设考评制度、生态环境保护责任追究制度、生态环境损害赔偿制度、排污交易制度等。总体来看，从源头控制到过程监控和预警，再到事后监管的全程制度体系已基本形成，但环境管理的陆海统筹、部门协调、执法监管和社会监督机制等仍有待逐步完善。

（四）大力支持环境科技与环保产业发展

新中国成立以来，党和国家高度重视科学技术的作用，积极发展科技，改善我国一穷二白的落后面貌。在工农、交通、能源等重要领域，我国出台政策，鼓励科技创新。从产业类型来看，在生态文明建设中，一方面重视农业技术的创新，实现农业增长方式逐步向集约型和生态型转化；另一方面重视工业新型能源及生产工艺的创新，尤其是绿色清洁能源的开发和利用，逐步推进产业的集约化、协调性和可持续性发展。将科技创新与资源开发、环境保护结合起来，强调因地制宜应用科学技术，科学合理地开发自然资源。从技术层面来看，我国基本实现火电脱硫脱硝和电除尘技术；水污染治理技术已基本达到世界先进水平；固废处理上我国起步晚、缺口大，近年在固废资源再利用、全天候处置能力等方面有较大提升，但在工业固废处理、先进焚烧技术等方面还有待借鉴国际先进经验，期望通过持续创新实现环保技术突破；监测技术发展迅猛，但在监测仪器技术设备等方面还有待加强研发。综上，我国环保产业增长快速，产业规模显著扩大，结构逐步优化调整，技术水平不断提升，但仍存在技术短板，未来有望通过持续创新获得突破。

* 上海建造的大型垃圾焚烧厂（新华社，郑钧天/摄）

在此过程中，政府的宏观调控作用明显，早在1990年就发布了《关于积极发展环境保护产业的若干意见》，2016年《国务院关于落实〈政府工作报告〉重点工作部门分工的意见》将"大力发展节能环保产业"列入其中，国家"十三五"规划将"发展绿色环保产业"列为主要举措。相关环境法律法规也为环保产业的发展提供了支持。此外，第三方治理、政府购买环保公共服务、PPP模式和环境监测社会化等政策的出台，配套财税激励政策等都对环保产业的发展起到了显著的激励作用。

（五）积极采取环境经济激励政策

我国不断推动环境保护领域的经济政策，积极改革和创新，充分发挥市场机制作用，取得了较好的成果。我国较早实施的环境经济政策为排污收费制度，从1981年排污试点至今，该制度已实施40多年。2007年起，财政部、环保部、发改委先后批复11省（区、市）开展排污交易试点。2011年开始启动碳排放权交易试点以推进温室气体减排，目前仍在持续推进和不断完善中。我国环境税费政策实施较晚，2018年1月1日起《中华人民共和国环境保护税法》开始正式实施。该法案将"保护和改善环境，减少污染物排放，推进生态文明建设"写入立法宗旨，明确了"直接向环境排放应税污染物的企业事业单位和其他生产经营者"为纳税人，并确定大气污染物、水污染物、固体废物和噪声为应税污染物。但现行环境税收体系尚不健全，征税对象不够丰富，涉及税目不多，未能形成全覆盖势头，总体来看，其生态调节功能不足。

从财政投资来看，在环保领域多采用直接拨款或转移支付的形式。为推动环境污染防治，我国设立了各类污染防治专项资金，对环境质量的改善发挥了重要作用。可再生能源发电补贴、生态补偿和以奖代补等政策对激励节能减排、能源结构转型和生态保护等也起到了重要作用。此外，我国的环境责任保险、绿色信贷等政策也逐步发展起来。未来在制度设计、法律保障等层面应持续推进，加强对节能减排的激励作用。

第 **4** 章

东方风来满眼春

——建设美丽中国具备哪些有利条件

我们全面加强生态文明建设，系统谋划生态文明体制改革，一体治理山水林田湖草沙，开展了一系列根本性、开创性、长远性工作，决心之大、力度之大、成效之大前所未有，生态文明建设从认识到实践都发生了历史性、转折性、全局性的变化。

　　——习近平总书记在十九届中央政治局第二十九次集体学习时的讲话（2021年4月30日）

美丽中国是党和人民孜孜以求的奋斗目标，它不是"水中花""镜中月"，而是有着坚实的社会经济基础。党的十八大以来，以习近平同志为核心的党中央将生态文明建设纳入中国特色社会主义"五位一体"总体布局和"四个全面"战略布局，推动中国绿色发展道路越走越宽广，实现美丽中国的蓝图已具备诸多的有利条件。

一、新时代生态文明建设取得历史性成就

党的十八大以来，我国生态文明建设取得历史性成就。当前人们无论是家中卧游还是异地览胜，都随处可见流淌于九百六十万平方公里辽阔国土上的生态新貌，美丽中国画卷已经徐徐展开。

（一）生态文明的谋篇布局更加成熟

党政军民学，东西南北中，党是领导一切的。生态文明建设取得历史性成就首先表现在生态文明的谋篇布局更加成熟。生态文明建设离不开党中央的坚强领导。各种生态环境目标体系需要在党的领导下，在同一个制度框架下协同推进，才能顺畅地实施。党的十八大以来，以习近平同志为核心的党中央在深刻把握社会主义初级阶段基本矛盾变化的基础上，对新时代生态文明建设的蓝图进行了擘画，把各项生态环境保护事业都纳入法律的框架之内，将美丽中国纳入社会主义现代化强国目标中。2015年中共中央、国务院印发《生态文明体制改革总体方案》。这一重要方案为生态文明建设进行了顶层设计，提出

了先易后难、分步推进的原则，支持各地区因地制宜，大胆探索、大胆试验。2017年10月24日，党的十九大通过了《中国共产党章程（修正案）》，新党章增加了"增强绿水青山就是金山银山的意识"等内容，将生态文明列为全党努力奋斗的方向。把生态文明建设列入"五位一体"总体布局之中，成为党和国家的根本指导方针。2018年3月11日，第十三届全国人民代表大会常务委员会第一次会议通过《中华人民共和国宪法修正案》，将生态文明正式写入国家根本法，实现了党的主张、国家意志、人民意愿的高度统一。2020年12月26日，中华人民共和国第十三届全国人民代表大会常务委员会第二十四次会议通过《中华人民共和国长江保护法》。作为第一部流域法，标志着我国生态文明建设已经达到一个全新的阶段。

（二）生态文明的体制机制更加完善

在国家根本大法宪法的指引下，我国各项环境保护法律法规相继完成修订，织密生态环境法规"保护网"。法律法规的生命在于实施。习近平总书记指出："对那些损害生态环境的领导干部，只有真追责、敢追责、严追责，做到终身追责，制度才不会成为'稻草人''纸老虎''橡皮筋'。"[1]如何将环境法律制度从纸上走向现实，如何将生态文明建设的顶层设计转化为切实有效的基层行动，解决好环境治理的"最后一公里"问题，是生态文明建设成败的关键，其中执行机制的精细化设计成为

1.习近平：《推动我国生态文明建设迈上新台阶》，载《求是》，第3期，2019年2月1日。

重中之重。针对当前环境管理体制条块分割导致生态环境保护效果欠佳、流域管理和地方管理协同性不足等情况，国家环保部门对症下药，有序推进省以下环保机构监测监察执法垂直管理制度改革，开展按流域设置环境监管和行政执法机构，推进生态环境损害赔偿制度改革试点，全面实施自然资源资产产权制度、河（湖、林）长制等改革举措。

中央环境督察机制也为环境法律法规的有效实施提供了保证。良法善治要求正义不能仅仅停留在宣示层面，沦为"没有牙齿的老虎"，需要切实有力的执行。在制度体系中，责任机制至关重要。我国除了建成全方位的行政、民事、刑法责任体系之外，独具特色的督察体系也被纳入环境治理的"工具箱"之中。2019年6月17日，中共中央办公厅、国务院办公厅印发了《中央生态环境保护督察工作规定》。这一规定要求在全国开展生态环境保护督察，解决一批突出环境问题，实现生态环境的持续好转。

（三）生态文明建设的成果更加丰硕

春花无数，何如秋实。党的十八大以来，无论在污染治理还是在生态环境保护方面，我国都取得了历史性成就，蓝天、碧水、净土保卫战取得阶段性成果。

一是污染防治取得突出成就。在土壤整治方面，取得了巨大成绩。"十三五"以来，全国关停涉重金属行业企业1300余家，实施重金属减排工程900多个，重金属等污染物排放得到有效控制。生态环境部会同有关部门组织开展了涉镉等重金属重点行业企业排查整治行动，确定需整治污染源近2000个，截至目前已有近700个完成整治，切断了污染物进入农田的链条。2017年全面启动了全国土壤污染状况详查工作，结果表明，我国土壤环境状况总体稳定。在河流治理方面也取得明显进展。2020年，长江干流首次全线达到Ⅱ类水质。江豚腾跃在长江之上，成为长江上一道亮丽的风景。大量绿树环绕、风景秀丽的湿地公园开始点缀在流域版图之上。在空气治理方面，成绩亦是有目共睹。近年来，环境空气质量稳中向好，根据最新数据，截至2020年底，我国单位GDP二氧化碳排放较2005年降低约48.4%，超额完成下降40%～45%的目标，全国337个地级及以上城市空气质量优良天数比例为87%，让人们得以在蓝天白云之下自由地呼吸，极大地提升了人民群众的"蓝天幸福感"。

二是自然资源保护工作有力推进。在森林保护方面，全国完成造林5.08亿亩，森林覆盖率达到21.66%，成为同期全球森林资源增长最多的国家。在全球森林资源总体下降的大背景下，中国逆势而上，实现了森林面积与森林蓄积量的连续性"双增长"，向世界交出了一份优异的答卷。野生动物保护工作走在世界前列。中国是世界上野生动物种类最丰富的国家之一。中国高度重视野生动物保护事业，加强野生动物栖息地保护和拯救繁育工作，严厉打击野生动物及象牙等动物产品非法贸易，取得显著成效。在自然保护地方面取得了巨大成就。作为生态文明建设的核心载体和美丽中国的重要象征，自然保护地在维护国家生态安全中居于首要地位。党的十八大以来，我国各级各类自然保护地类型更加丰富、功能更加多样，对保护生物多样性、保存自然遗产、改善生态环境质量和维护国家生态安全发挥了重要作用。

　　三是生态环境检测能力得到了极大提升。党的十八大以来，我国相继出台了关于监测网络建设、提高监测数据质量等重要改革文件，基本形成了生态环境监测管理制度体系，让环境违法行为无处遁形。为了让生态环境检测工程真正做到有的放矢，一个重要的前提就是环境标准的准确厘定。试想，如果环境保护领域中经常存在"标准打架"甚至标准阙如的情形，检测能力建设必然会沦为不敷实用的"花样工程"。正是基于上述认识，近几年来，我国非常重视环境标准的厘定，并在此基础上推进生态环境检测能力建设。经过多年坚持不懈的努力，我国生态环境质量检测能力大幅提升，实现了环境整治从"软目标"向"硬标准"的转变，让那些徒有其表的形象工程再无可乘之机，进一步增强了人民群众对环境治理的信心。

二、人民群众绿色获得感不断增强

　　江山就是人民、人民就是江山，打江山、守江山，守的是人民的心，为的是让人民过上好日子。环境治理状况究竟好不好？人民群众最有发言权。党的十八大以来，环境质量改善速度之快前所未有，人民群众的生态获得感的提升前所未有。以习近平同志为核心的党中央把良好的生态环境作为最普惠的民生福祉，把解决突出生态环境问题作为民生优先选项。这种为民情怀经过层层传导，犹如春风化雨，滋润人民群众的心田。美丽的生态画卷不再是千里之外遥远的风景，而是环绕在人们的周围，在人们心中激发出强烈的获得感、幸福感、安全感。

（一）绿水青山烘托出美丽中国

"黄沙遮天日，飞鸟无栖树"，如此灰暗的景象，难以让人建立起与大自然的亲近感；"蓝天白云游，绿野无尽头"，如此怡人的美景，让人感受到岁月的美好。青山静默，总是给人希望；绿水不语，常常给人以慰藉。从生活的角度，秀美的山川不再仅仅是诗人多情的吟哦，也不是远离世俗生活的隐士乐园，而是代表着实实在在的生活品质。从发展的角度看，山川与河流既是我们置身其中须臾难以分离的自然环境，又是承载着代际正义的物质基础，更是中华民族伟大复兴的重要保证。没有良好的自然环境，不仅美丽家园无从谈起，幸福指数难以提升，经济社会发展也会遭遇日趋严重的环境瓶颈。正是在这种深刻认识的指引下，人们艰苦奋斗，一度荒芜的山岭重新披上了绿色，曾经混浊不堪的河流开始变得清澈。

＊江豚在长江中逐浪嬉戏（新华社，王罡/摄）

（二）金山银山支持着富裕时代

习近平总书记指出："共建美丽中国，让人民群众在绿水青山中共享自然之美、生命之美、生活之美，走出一条生产发展、生活富裕、生态良好的文明发展道路。"[1]美丽中国并非空中楼阁，并非一幅供人欣赏的图画，而是建立在坚实的社会经济基础之上。生态文明建设与经济社会发展不是非此即彼的对立关系，而是相互促进的共生关系。一个地区的生态文明程度越高，其经济发展的动力就越强劲。建立在良好生态环境基础上的"财富之山"，才能真正将人们带入富裕时代，展示出更具厚重感的"丰裕之美丽"。

在装扮神州大地的同时，绿水青山给予人们无比丰富的物质馈赠。近些年来，我国注重通过发展生态农业、生态工业、生态服务业，合理吸纳人才、项目、资本、技术等要素，极大地促进了绿色产业的发展，构建了产权清晰、多元参与、激励约束并重、系统完整的生态文明制度体系。在全面周密的目标考核和奖惩机制之下，通过强化路径探寻、探索功能估值、创新补偿机制等多种方式，保障生态产品价值的合理，确保绿水青山的自身价值得到最大限度的回归，真正让绿水青山源源不断地带来金山银山。绿水青山既可以给人民群众提供更丰富、更优质的生态产品，也能够带来巨大的物质财富。绿水青山就是金山银山的理念契合了人民日益增长的美好生活需要，让绿水青山超越了纯粹精神审美的需要，走向了更广阔的价值实现之路。

1.习近平：《在纪念马克思诞辰200周年大会上的讲话》，载《人民日报》，2018年5月5日。

（三）生态产品增益了健康生活

美丽中国不只是视觉上的感受，更不应止于物质上的极大丰富。健康生活是美丽中国的更深层内涵。党的十八大指出，要加大自然生态系统和环境保护力度，增强生态产品生产能力。这充分体现了中国共产党的民生关怀，蓝天白云、湖光山色能够给人们带来愉悦的审美感受，然而如果不能满足人们的生活需求，就会沦落为空洞之物。脱离了健康这个根本，人们的幸福将无所依凭。健康之美丽，才是真正的美丽。习近平总书记指出美丽中国不光是涂脂抹粉，而是有健康的内涵，我们整个山川河流是健康的，孕育生活的中华民族是健康的。美丽中国是内容和形式的内在统一。

党和国家非常关切人民群众的健康问题。生态与健康有着密切的联系。在环境被污染、生态遭到破坏的地方，不仅生产受到影响，更为重要的是人们要为之付出健康的代价。我国部分地区出现的"癌症村"，正是环境污染的直接后果。中国工程院院士钟南山曾提出警告，当空气中PM2.5达到10微克/立方米时，人的大脑就会加速衰老；当空气中PM2.5浓度达到103微克/立方米时，就会导致人的死亡。可见环境污染是人类健康的重要元凶。人们要拥有健康的生活，就必须保护生态环境。基于这种认识，我国新环境保护法规定："国家建立、健全环境与健康监测、调查和风险评估制度；鼓励和组织开展环境质量对公众健康影响的研究，采取措施预防和控制与环境污染有关的疾病。"[1]这在一

1.郭兆晖：《中国生态文明体制改革40年》，河北人民出版社第1版第1次印刷，2019年4月，第300页。

定程度上填补了相关问题上的空白，真正为美丽中国提供了法律保障。

| 知识链接 |

健康中国

2017年10月18日，习近平总书记在党的十九大报告中提出实施健康中国战略。人民健康是民族昌盛和国家富强的重要标志。健康中国行动具有明确的行动目标，到2022年和2030年，居民饮用水水质达标情况明显改善并持续改善；居民健康素养水平分别不低于22%和30%；大力推进城乡生活垃圾分类处理，重点城市基本建成生活垃圾分类处理系统；防治室内空气污染，提倡简约绿色装饰，做好室内油烟排风，提高家居环境水平。健康中国与美丽中国战略规划目标密切相关，建设美丽中国是健康中国的基础，建设健康中国是美丽中国的保障。

三、绿色发展理念日益深入人心

绿色是大自然的颜色，是人之所向、情之所系。随着环境治理进一步向纵深推进，绿色发展理念逐渐成为全民共识。习近平总书记指出："每个人都是生态环境的保护者、建设者、受益者，没有哪个人是旁观者、局外人、批评家，谁也不能只说不做、置身事外。"[1]这指明大众参与绿色发展的重要性。

1.习近平:《推动我国生态文明建设迈上新台阶》，载《求是》，第3期，2019年2月1日。

（一）中华生态文化得到进一步弘扬

中华传统文化中蕴含着朴素的环保意识。我国古代先民对大自然一直怀有敬畏之心，先哲们把这种朴素的认识上升为理论，形成了一种具有反思性和深刻性的文化。习近平总书记对传统文化非常重视，指出要继承和发展我们传统优秀文化中蕴含的生态智慧，坚持人是自然的一部分，科学利用自然，建设美丽中国。传统"天人合一"的哲学思想，作为一种实践智慧传承至今，已经深度融入中国人民的精神血脉之中。此外，我国在传统耕种活动中形成的"取用有节"生态观，暗合了人和自然和谐共存的真谛，有力地指导着人们的日常生活和生产实践。作为中华优秀传统文化的重要组成部分，传统生态文化是值得珍视的思想资源。充分挖掘中华优秀传统文化中的生态因子，可以为建设美丽中国和实现第二个百年奋斗目标提供启示和借鉴。

（二）绿色发展的群众基础得以进一步夯实

人们的环保意识蕴含着巨大能量。如果没有相应的配套制度，思想认识也很难转化为具体行动。党的十八大以来，党中央审时度势，为公众环境参与开辟了许多制度化渠道，多元治理框架下的参与机制得以较大完善。近些年来，随着环保企业和绿色品牌大量出现，以环境合规为主的公司自我规制开始走向前台，在很大程度上改变了环境保护部门孤军奋战的一元化治理局面，编织了覆盖性广泛的环境治理之网。此外，在政策法律的综合激励之下，社会组织如雨后春笋一般，逐渐出现在环境保护中国军团的队列之中，比如"自然之友"等环境保护类社会组织的出现，大大增加了环境治理的社会力量。在环保社会组织的积极参与下，一些重大环境公益诉讼案件产生了重要影响，既震慑了违法者，又教育了公众。

| 知识链接 |

绿色发展

2015年10月，党的十八届五中全会通过《中共中央关于制定国民经济和社会发展第十三个五年规划的建议》，将绿色发展与创新、协调、开放、共享等发展理念共同构成五大发展理念。党的十九大明确指出，加快建立绿色生产和消费的法律制度和政策导向，建立健全绿色低碳循环发展的经济体系。从内涵看，绿色发展是建立在生态环境容量和资源承载力的约束条件下，将环境保护作为实现可持续发展重要支柱的一种新型发展模式。绿色发展理念既有着深厚的历史文化渊源，又科学把握了时代发展的新趋势，对建设美丽中国具有重大的理论意义和现实意义。

公众参与极大地推动生态文明建设，但要取得真正效果，还需出台相关配套政策。2015年1月1日起施行的《中华人民共和国环境保护法》通过"信息公开和公众参与"的专章规定，赋予了公民、法人和其他组织依法享有获取环境信息、参与和监督环境保护的权利。正是对公民环境知情权的保障，使得民众的监督权开始变得切实可行，有效凝聚起环境保护的合力，为推进环保工作奠定了坚实基础。2020年4月，国家生态环境部印发了《关于实施生态环境违法行为举报奖励制度的指导意见》，指导各地建立实施生态环境违法行为举报奖励制度，并要求各地向社会公开当地举报奖励的有关规定、举报途径和渠道等。这项制度鼓励社会成员举报生态环境违法行为，有力地推动了各类行政执法、公益诉讼活动的开展。保护环境，人人有责。动员广大人民群众参与环境保护工作，可以让绿色发展理念更加深入人心，并形成良性发展的正向循环。

* 长江岸边的废弃码头变成"江上书屋"（新华社，过仕宁/摄）

四、全球生态保护多边合作机制逐步形成

全球生态保护多边合作机制是全球国家在一个大框架下，摈弃单边思维、封闭思维，以地球生态改善为重要关切的共同行动。经过多年努力，国际社会在生物多样性保护、自然保护地建设、野生动物保护等领域的合作取得了长足进步。

（一）环境治理的全球经验更加丰富

人类只有一个地球，保护生态环境、推动可持续发展是各国的共同责任。当前人类面临诸多共同的生态风险挑战，引起了许多国家政府和有识之士的深度关切。基于环境要素的系统性和流动性，环境保护不可能限于一国一地，而是应该以全球为治理场域。随着对环境问题认识的深化，生态环境保护已经成为全球共识，生态环境治理得到世界各国人民的广泛支持。人们逐渐意识到，人类必须携起手来才能有效应对共同的风险挑战。在世界生态环境保护领域，已经积累了比较丰富的治理经验。一是对保护生物多样性的重要性，全球已形成共识；二是对于人类活动和自然变化对生物多样性造成的威胁，人们有了科学的认识；三是国际社会多数国家主张多边主义，积极开展保护生物多样性的国际合作。在上述合作之中，各国无论贫富大小，均贡献了自己的经验，尤其是瑞典、美国、日本等发达国家的环境治理方案有不少可资借鉴之处，其经验被国际多边合作机制所借鉴。在信息全球化、经济全球化的背景下，以国家间的合作加快全球生态治理进程，成为确保环境治理取得良好效果的必然路径。生态环境保护国际合作和交流制度化创新已经走过了40年。1987年，世界环境与发展委员会出版的《我们共同的未来》报告，系统阐述了可持续发展思想，有力地指导了世界生态环境保护多边合作机制的发展与完善。国际多边环境治理具有多主体、多层次的特点，在未来的发展中，将更加依赖各国的实践探索，走向更加高效的多边协作机制。

（二）全球互动中的中国方案更加优化

中国的发展离不开世界，世界的繁荣也需要中国。我国可以为全球环境治理贡献中国智慧。早在1979年，我国《环境保护法（试行）》就对"组织和协调环境保护的国际合作和交流"进行了明确的规定，体现中国和世界合作的意愿，成为生态环境治理体系的一个亮点。我国历代领导人对环境保护的重要性都有深刻认识。2021年2月9日，国家主席习近平在中国—中东欧国家领导人峰会上的主旨讲话中提出，我们要坚持"绿色共识"，坚定不移推进应对气候变化国际合作，共同落实应对气候变化《巴黎协定》，为2021年联合国第二十六次气候变化缔约方大会和第十五次《生物多样性公约》缔约方大会成功举办作出贡献。[1]这彰显了我国应对全球气候变化的领导力和大国担当，极大地减少了逆全球化带来的负面影响，有效避免"各人自扫门前雪"的公地困境。

事实胜于雄辩。中国在环境治理方面的巨大成就让世人为之瞩目。以全球瞩目的生态多样性保护为例，中国政府尽己所能贡献中国智慧和中国方案：一是通过实施植树造林、荒漠化治理、退耕还林等一系列生态保护举措，中国为世界供给了1/4的新绿；二是注重对濒危物种的法律保护，中国的中长期规划对生物多样性保护给予了足够的重视，以国家公园为主体的自然保护地体系在逐渐建成之中；三是注重采用各种法律手段，协同推进生物多样性保护的不断完善；四是重视借助科技

1.习近平：《凝心聚力，继往开来 携手共谱合作新篇章——在中国—中东欧国家领导人峰会上的主旨讲话》，载《人民日报》，2021年2月10日。

的力量，为生态保护赋能。比利时弗拉芒语版《今日中国》杂志社总编辑丽娜·登格鲁丹伊森感慨道："中国绿色发展已走在世界前列。"[1]中国的行动受到国际社会高度赞誉，生动展现中国生态保护的巨大成就，体现了中国环境保护的全球影响。

（三）世界生态保护多边合作公约不断增加

同一个地球，同一个家园。近年来，随着全球环境治理进程中协作模式的形成以及多元治理模式的兴起，人类命运共同体的共识不断深化，越来越多的人意识到全球携手建设健康星球、美丽世界的必要性。比如在生物多样性保护领域，国际社会已经有了相对成熟的实践。正是在世界环境进步力量的共同推动之下，多边合作机制不断完善。作为国际社会开展应对气候变化实践和合作的重要遵循，《巴黎协定》和《联合国气候变化框架公约》是国际社会协力推进环境保护的主要成果。除了上述文件之外，《关于消耗臭氧层物质的蒙特利尔议定书》《控制危险废料越境转移及其处置巴塞尔公约》《关于持久性有机污染物的斯德哥尔摩公约》《关于在国际贸易中对某些危险化学品和农药采用事先知情同意程序的鹿特丹公约》《关于汞的水俣公约》《联合国海洋法公约》等多个条约亦通过多边谈判的方式得以签订。尤其值得一提的是，最近在我国云南昆明召开的《生物多样性公约》第十五次缔约方大会（COP15），初步奠定了生物多样性的制度框架。

1.刘晓云：《国外高度评价新时代中国生态文明建设成就》，载《红旗文稿》，第24期，2020年12月25日。

世界生态保护多边合作机制的形成过程中，中国政府付出了巨大的努力，作出了巨大贡献。我国政府保持了积极进取的开放性态度，以高度的国际责任感，展现了大国磅礴的气象和格局。在内蒙古召开的《联合国防治荒漠化公约》第十三次缔约方大会上，"一带一路"防治荒漠化合作机制被提出并得以通过。在这一机制下，中国将为"一带一路"沿线国家提供学习基地，搭建交流平台。中国在世界生态保护多边机制上的贡献得到了积极的肯定，正如联合国环境署前执行主任埃里克·索尔海姆所指出的，中国的生态文明建设理念和经验，正在为全世界可持续发展提供重要借鉴，贡献中国的解决方案。世界生态保护多边机制正在形成，必将进一步推动中国的环境治理事业。

风雨多经志弥坚，关山初度路犹长。党的十八大以来，在以习近平同志为核心的党中央坚强领导下，我国生态文明建设已经实现了良好开局，从认识到实践都发生了历史性、全局性的变化。在险关重重的前路面前，只要我们拿出"而今迈步从头越"的豪情，发扬"不待扬鞭自奋蹄"的精神，充分运用有利条件，相信在不久的将来，美丽中国的盛世图画一定会全面铺展于辽阔的中华大地上。

第 5 章

胸中日月常新美

——怎样培育社会主义生态文化

生态文明建设是关系中华民族永续发展的根本大计。中华民族向来尊重自然、热爱自然，绵延5000多年的中华文明孕育着丰富的生态文化。生态兴则文明兴，生态衰则文明衰。

——习近平总书记在全国生态环境保护大会上的讲话（2018年5月18日）

要建设美丽中国，必须大力培育社会主义生态文化，在全社会营造保护生态环境的浓厚氛围。我们要弘扬中华优秀传统生态文化，增强全民生态环保意识，倡导绿色低碳的生活方式，进一步提高群众环保意识，把建设美丽中国转化为人民自觉行动。

一、树立人与自然和谐共生的理念

坚持人与自然和谐共生是新时代坚持和发展中国特色社会主义的基本方略。人类社会总是生活在特定的自然环境之中，对自然环境的尊重和保护，就是尊重和保护人类自身。我们必须认识到人和自然相互依存的关系，学会和自然和谐相处，做到人与自然和谐共生。

（一）自然环境是人类生存与发展的必备条件

地球是人类的家园。无论何时，自然界始终是人类社会产生、存在和发展的基础和前提。人与自然的关系是人类社会中最基本的关系。面对这种最基本的关系，人类需要体现出对自然的尊重和敬畏。人类要生存发展，必然要对自然界进行改造和利用，但同时也要进行保护和建设。随着社会生产力的发展，人类改造自然的能力不断提高。这就需要在对自然进行开发和改造的同时更加注重保护和建设，否则就会导致资源日益枯竭、自然环境不断恶化、人与自然关系越紧张。随着社会的发展进步，我们要保持清醒的头脑，不要过分陶醉于人类对自然界的胜利。如果不注重保护自然，那么人类对自然进行征服的每一次胜利，自然界都将对人类进行报复。资本主义发达国家工业化进程中已有许多事例证明了这一真理性认识。今天我们比历史上任何时候都更深刻地意识到生态文明建设的重要性，因此要发自内心地尊重自然，积极采取措施保护自然环境，通过全社会的共同努力构建人与自然和谐相处的生动局面。

＊沐浴在晨曦中的昆山周庄景色（新华社，季春鹏/摄）

（二）尊重自然是实现人与自然和谐共生的重要前提

实现人与自然和谐共生关乎人民的根本利益和民族发展的长远利益。我们要充分认识到人与自然是一个统一的整体，自然是人的无机身体，超越"人类中心主义"与"生态中心主义"，实现人与自然关系正当性的历史回归。人与自然是生命共同体，要树立尊重自然、爱护自然的观念，并将人与自然和谐共生的理念真正融入绿色发展实践之中。生态兴则文明兴,生态文明建设与人类文明的兴衰息息相关。要深刻把握环境保护与经济发展、社会发展与人的全面发展之间的辩证关系。人与自然的关系是人类文明发展的永恒课题,人类文明的发展进步也体现在如何更好地处理人与自然的关系上。要学会保护自然环境、珍惜生态资源,这是绿色生活的主旨,是新时代生态文明建设的重要内容。只有不断培育良好的生活习惯和理念,才能夯实生态文明的社会根基。

（三）人与自然和谐共生体现主体与客体的内在统一

按照马克思主义的观点,人是主体,自然是客体。坚持人与自然和谐共生是主体与客体统一的内在要求,体现出"人化自然"与"自然人化"的有机统一。良好生态环境与每个人的日常生活紧密相关,人与自然和谐相处有利于人民群众美好生活的实现。生态文明建设与人民的幸福生活息息相关,人与自然和谐共生体现了主体与客体的内在统一、生态文明建设的价值追求和人民立场。近年来,我国先后出台了系列生态环境保护法规和措施,推进了生态环境治理制度建设。生态建设是一个系统工程,环境保护与每个公民休戚与共。只有每个社会成员都能把生态文明的理念转化为保护生态环境的行动,才能实现生态文明建设的美好蓝图。此外,当今世界是一个开放的世界,任何国家和民族不再是离群索居的孤岛。世界环境保护已成为全球日益关注的重大问题,共谋全球生态文明建设是构建人类命运共同体的必然选择。

| 知识链接 |

人与自然和谐共生

党的十八届五中全会首次提出"人与自然和谐共生"。人与自然和谐共生是指人与自然和谐发展、共生共荣的存在状态，是对人与自然关系的深刻认识和理论总结。"坚持人与自然和谐共生"是党的十九大报告提出的新时代坚持和发展中国特色社会主义十四条基本方略之一。坚持人与自然和谐共生，关键是要处理好发展与保护的关系，要树立发展与保护统一观，对自然怀持敬畏之感和尊重、顺应、保护之心，树立自然整体观。坚持人与自然和谐共生是化解我国新时代社会主要矛盾的有效方法，是推进生态文明建设、实现美丽中国的根本要求，是贯彻新发展理念的重要体现。

二、弘扬中华优秀传统生态文化

中国优秀传统文化是中华民族生生不息的"根"和"魂"。推进当代中国生态文明建设，必须从中华优秀传统文化中汲取智慧，大力弘扬中华生态文化。中国传统文化蕴含着丰富而深邃的生态智慧，孔子、孟子、张载、程颢、王阳明等古代先贤的生命观、生态观中包含了"仁民爱物""天人合一""取用有节""道法自然""民胞物与"等思想，具有重要的时代价值。深入挖掘中国传统文化中的生态智慧，可以为新时代建设美丽中国提供有益的启示和借鉴。

（一）中国传统生态文化彰显"仁民爱物"的生态伦理观

儒家思想在中国传统文化中占有重要的地位，其核心理念是"仁爱"，这对我们今天保护自然资源、开展生态文明建设依然具有启迪意义。"仁爱"作为儒家的核心价值与理念，其内容不仅包括对他者之爱，即"爱人"，而且把爱还扩展到所有生命，即"爱物"。"钓而不纲，弋不射宿"，反映了对生命的敬畏和悲悯情怀。孟子提出亲亲而仁民、仁民而爱物。孟子主张把对人的爱推演到有生命的甚至无生命之物身上，即对一切有生命和无生命对象的深切关注。荀子同样体现了对自然和生物的关心，主张要合理利用自然资源，不能违背自然规律。"圣王之制也：草木荣华滋硕之时，则斧斤不入山林，不夭其生，不绝其长也；鼋鼍、鱼鳖、鳅鳝孕别之时，罔罟、毒药不入泽，不夭其生，不绝其长也。春耕、夏耘、秋收、冬藏，四者不失时，故五谷不绝，而百姓有余食也；污池渊沼川泽，谨其时禁，故鱼鳖优多而百姓有余用也；斩伐养长不失其时，故山林不童而百姓有余材也。"[1]这表现了可贵的"取之有度、用之有节"思想，蕴含了生态伦理智慧。明代思想家王阳明提出了"天地万物一体"的思想，他认为人的良知，就是草木瓦石的良知。若草木瓦石无人的良知，不可以为草木瓦石矣。这就告诉人们，人类在某种意义上与山川、鸟兽、草木、瓦石等没有什么区别，人之外的万物也有其内在价值。这些论述一定程度上反映了中国传统文化对生态伦理价值的关注，反映了中国传统文化对自然的关注和对生命的关怀。

1.王先谦：《荀子集解》，沈啸寰、王星贤整理，中华书局第1版第1次印刷，2012年3月，第163页。

（二）中国传统生态文化强调"天人合一"的朴素世界观

世界观是人们对自然界在内的整个世界的看法和根本观点。"天人合一"的观念反映了中华民族关于人与自然、人与社会最朴素，同时也是最根本的看法与观点。"天人合一"观念起源于中国古代的农耕社会，是我国传统生态文化中朴素而闪光的理念。"天"指的是自然界，也就是地理环境，"天人合一"即是人与自然"你中有我、我中有你"不可分割的关系，这一理念代表了我国先贤圣哲对人与自然关系最朴素，也是最本质的价值认知，也构造了中华传统文化源远流长的坚实根基。"天人合一"智慧启示我们，人类要遵循自然规律才能把事情办好，违背自然规律就会受到惩罚。人们要学会顺应自然，顺势而为，因势利导，才能更好地与自然相处。人与自然密不可分，你中有我，我中有你，是"生命共同体"。人无时无刻不处在自然之中，自然就是人类的生存家园，所以人与自然必须和谐共生、一体发展、实现共赢。今天，我们要继承传统文化"天人合一"和谐思想，一是要用整体思维和系统思维看待万事万物，不能将人与自然、人与万物割裂开来，而应将人本身置身于客观世界之中整体关照；二是要做到顺乎自然规律，敬畏生命，尊重自然，坚持走保护优先的绿色发展之路，实现人与自然和谐共生；三是要认识到人类不能超越大自然的承受能力而一味索取，应在顺应自然前提下加以合理利用开发，给自然以"喘息之机"，关爱自然就是关爱人类本身。

（三）中国传统生态文化倡导"取用有节"的资源利用观

中华生态文化一贯提倡节俭，反对奢侈浪费。我国古代先贤很早就提出了持续利用自然资源的思想。在自然资源开发方面强调"开源"，在自然资源利用方面强调"节流"，即"取之以时""取之有度，用之有节"，成为我国古代自然资源开发、利用的基本原则。"取之有度，用之有节"是指人们获取和利用自然资源必须有一定的限度，要有所节制，禁止破坏性、毁灭性地开发和利用；"取之以时"是指人们获取自然资源必须遵循四季变化的法则和动植物生长规律。这两个基本原则既体现了古人"道法自然""顺天时"的自然观念和"仁及草木""成己成物"的伦理思想，又体现了古人"地力"有限、资源有限和资源持续利用的思想。管仲提出"山林虽广，草木虽美，禁发必有时"的思想，强调对自然的索取要注意"取用有节"，体现了古人对自然和人类行为的深切思考，显现出中华优秀文化中的聪明智慧，这对我们今天推进生态文明建设、实现人与自然和谐共生具有积极意义。

＊ 福建武夷山九曲溪两岸的丹霞景观（新华社，姜克红／摄）

三、增强全民环保意识

增强全民环保意识是我国生态文明建设的重要内容。全民环保意识是让全体社会成员从人与生态环境整体优化的角度来理解社会存在与发展的基本观念，是全社会尊重自然的伦理意识，是人与自然共存共生的价值意识。

（一）充分认识我国生态环境的约束性

我国是资源大国，自然资源总量很大，从这一点来说，我国资源是丰富的。但由于我国人口总量大，人均资源占有量比较少。我国人均资源拥有量与世界其他国家相比还处于较低水平，例如最重要的耕地、淡水、草地和森林等自然资源，我国的人均占有量都远远低于世界人均水平。我国能源的生产和供给也面临一定程度的风险。随着经济快速发展，资源稀缺的问题变得更加严峻。改革开放以来，我国国内生产总值以年均10%左右的速度增长，能源消费总量也大幅攀升，能源进口量迅速增加。虽然我国的能源供应不断增加，很大程度上缓解了经济社会发展对能源的迫切需求，但从能源消费角度来看，我国能源对外依存度随着经济总量的扩大而迅速上升，未来发展必然会受到能源方面的硬约束。当前，我国的城镇化和新型工业化还在推进，经济发展充满活力，对能源的需求日益增加。从国际情况看，如果对能源进口依赖过高，未来就会面临市场风险、价格风险、运输风险等问题，因此经济发展不能再依靠消耗资源和加大投入来维持高增长。"生态环境问题，归根结底是资源过度开发、粗放利用、奢侈消费造成的。"[1] 面对这种情况，必须重视能源消耗可能带来的潜在风险，注意生产和消费过程中的能源节约，调整生产结构和消费结构，走生产和消费的节约型道路。目前，我国综合能源利用率要比发达国家低，主要产品单位能耗比国外先进水平要高。因此，应将节能放在能源战略的首要地位，在生产过程中注意降低能耗，由粗放型向集约型转变，大力发展节能产品，在消费领域要注重需求合理、消费适度，推动经济发展走上资源节约型的道路，努力构建社会主义节约型社会。

（二）引导文明健康的生活认知

随着经济社会的发展，人民对美好生活的需要日益增加，对美好生活更加向往。在这种情况下，我们要在全社会大力弘扬文明健康的生活认知，提升全民环保意识，引导人们选择健康文明的生活方式。地球是全人类赖以生存的唯一家园。建设美丽中国，需要国家、企业和个人共同努力。保护生态，人人有责，没有局外人，没有旁观者，大家要从身边的小事做起。公民个人要学习和宣传环保知识，积极宣传保护生态环境的相关法律法规，增强法治意识，树立绿色、低碳生活理念，树立文明的生活方式，养成物尽其用、减少废弃物的文明行为，积极参与环保公益活动。要把环保节能行动落实到日常生活中，如节约用电、用水、用纸、粮食，坚持绿色出行、绿色消费、

1.习近平:《习近平谈治国理政》(第二卷)，外文出版社第1版第1次印刷，2017年11月，第396页。

绿色居住，养成生活垃圾分类处理的良好习惯。增强节能环保意识和社会责任意识，不断提升自我生态文明修养与自控力，最终使文明健康的生活方式成为每个人内化于心的自觉行动。努力培育文明生活方式是我们每个社会成员的历史使命，共同建设我们的大家园、共创人类命运共同体的美好未来是我们义不容辞的责任。加强教育宣传引导工作，尤其是要加强文明健康的生活方式重要性的宣传，提升人民群众的环保意识，引导人们转变生活习惯和消费方式，倡导绿色文明的生活方式。积极宣传生态文明新理念，倡导绿色、环保新生活，培育绿色的生活观念，使绿色发展理念指导人们的各种实践活动，与我们的生活方式自然融合。

（三）弘扬可持续消费理念

消费观是一个历史范畴。不同的时代和社会，消费者的消费观念迥然不同。生活在同一时代和社会的人们，其消费观也存在差异。我们要引导广大人民群众树立科学正确的消费观，重视消费的可持续性，引导人们树立可持续的消费理念。消费不仅仅是个人的生活方式，也是一种社会行为方式，是社会系统综合选择的结果，因此消费行为和消费理念需要来自社会系统的整体配合加以改善。可持续消费是一种科学的消费观念和消费模式。从消费的视角重视"生态—经济—社会"协调发展问题，是正确认识经济发展进程中人与自然关系的必然结果，体现了人与自然和谐共生的科学理念。树立可持续的消费理念，就要以人为本，大力培育绿色生活方式。我们不仅要注重山河湖海的保护，更应该注重日常生活中的每一个细节、每一个习惯，践行绿色生活方式应该成为每个社会成员的自觉行为，使可持续消费理念深入人心。要以自然规律为准则，以可持续发展、人与自然和谐共生为目标开发和利用自然，创造越来越多的绿色生态产物，从多方面提高人们的生活品质。国家、企业和个人共同努力，以加快构建人与自然共生共荣的新时代发展新格局，进而实现绿色惠民和绿色富国之梦。弘扬可持续消费理念有利于增强公民资源忧患意识和环境保护意识，提升公民的生态素质，进而促进公民的身心健康，提升生活质量和幸福指数，满足人民日益增长的优美生态环境需要，也有利于在全社会形成节约资源、保护环境的良好社会风尚，促进人与自然和谐共生。通过理念引领人们的可持续消费行为，改善人们的生存环境，带动绿色发展，引领绿色生活，推动资源环境和经济的协调发展，走绿色发展道路，推进生态文明建设，为子孙后代留下天蓝、地绿、水清的美好环境，实现中华民族的永续发展。

| 知识链接 |

绿色消费

绿色消费，也称可持续消费，是指一种以适度节制消费，避免或减少对环境的破坏，崇尚自然和保护生态等为特征的新型消费行为和过程。绿色消费，不仅包括绿色产品，还包括物资的回收利用，能源的有效使用，对生存环境、物种环境的保护等。绿色消费倡导的重点是"绿色生活，环保选购"。具体而言，它有三层含义：一是倡导消费时，选择未被污染或有助于公众健康的绿色产品。二是在消费者转变消费观念，崇尚自然、追求健康、追求生活舒适的同时，注重环保，节约资源和能源，实现可持续消费。
三是在消费过程中，注重对垃圾的处置，不造成环境污染。

四、倡导绿色低碳的生活方式

绿色低碳的生活方式是培育社会主义生态文化的实现途径。
要在全社会范围培育生态文明和可持续发展理念，倡导绿色
低碳的生活方式。2015年4月25日，中共中央、国务院发布
《关于加快推进生态文明建设的意见》，意见指出，"培育绿色生
活方式。倡导勤俭节约的消费观。广泛开展绿色生活行动，推
动全民在衣、食、住、行、游等方面加快向勤俭节约、绿色低
碳、文明健康的方式转变，坚决抵制和反对各种形式的奢侈浪
费、不合理消费"。[1]

（一）发挥政府主导作用，加快构建绿色生活

《中共中央关于全面深化改革若干重大问题的决定》指
出，社会治理体系中的政府主体要在治理过程中发挥主导作
用。因此，政府在培育全社会成员形成绿色生活方式中也应
该发挥主导作用，实现绿色生活与绿色发展间的良性互动。
一方面，政府要加大绿色生活法规制度体系的建设与实施力
度。政府可以运用法律等手段出台绿色消费法、扩大绿色消
费品的财政补贴范围等塑造公民绿色消费方式。通过绿色采

1.中共中央文献研究室：《十八大以来重要文献选编》（中），中央文献出版社第1
版第11次印刷，2018年11月，第501页。

购，政府可以示范性地引导人们改变不合理的消费行为和习惯，减少因不合理消费对环境造成的压力，从而在全社会塑造生态文明消费方式。另一方面，绿色生活方式的践行受制于绿色生产，政府要加强绿色生产法规制度体系建设，加大绿色生产的实施力度。同时还要增加对绿色生产上的约束力，增强绿色生产的监督力度。通过需求侧公民的绿色消费需求来倒逼供给侧绿色生产改革，从而促进优质的绿色产品的供给。政府可通过法律手段来督促绿色生产过程中的工艺革新，使企业能够绿色清洁地产出优质产品，从而达到引导公民绿色生活的目的。政府部门可以实施财税补贴政策，鼓励公民进行绿色消费，比如在绿色产品的消费上给予一定的价格补贴、税收优惠政策等，能够有效引导公民进行绿色消费，进而反向引导供给侧的生产，形成绿色生产和消费的良性循环。近些年来，我国对新能源汽车进行补贴、对绿色商品降低关税等举措，极大提升了人们的绿色消费积极性，从而也为相关绿色产业的发展提供了契机。政府可以运用多种手段宣传和培育绿色生活文化，加大环保法律宣传力度，使公民在良好的法制环境氛围中不断增强绿色生活的法律意识，助推公民绿色生活方式的培育。比如说，开展各种绿色消费主题活动、各种绿色生活环境文化主题活动；将绿色生活方式植入影视音乐作品、图书画册等文化产品上；在青少年活动场所、幼儿玩具中也可以植入宣传绿色生活方式的内容。政府还可以通过政策激励对现有的产业进行绿色升级，特别是增大对第三产业的扶持力度，扩大优质绿色产品供给，从而带动各个领域的绿色消费，促进旅游等第三产业的发展。政府还可以通过新兴的"互联网＋"行动计划等去培植新兴的绿色产业快速发展。在激励、扶持、培育绿色生产产业的同时，政府也应增强对高能耗产业的结构调整与监管，通过经济、法律等手段逐步地淘汰落后产能产业，鼓励绿色消费需求倒逼供侧进行产业调整改革，有效地拉动绿色产品供给，从而有效助推全体公民生活方式绿色化顺利进行。在商品供给市场能够提供充足的优质绿色产品时，政府再通过相关政策引导、规范人们的消费行为，运用经济手段来逐步引导公民绿色生活方式的转化。需求侧公民的绿色消费行为不仅能够刺激供给侧的产业结构快速调整升级，还能够积极践行绿色发展理念推动生态文明的建设，达到绿色产业、绿色生活"双赢"的状态。

（二）动员社会多方力量，大力助推绿色生活

社会组织是连接公民个人和政府的纽带，既能承接政府的政策意志，又能反映人们的现实需求，在我国公民绿色生活方式的培育过程中起着非常重要的纽带作用，是推进公民绿色生活方式的重要社会力量。目前来看，在助推绿色生活方式过程中，以社区为代表的公民自治组织、各类专业性和公共性的社会组织成为不可或缺的力量。要积极发挥社会的教育监督功能，推进绿色社会建设。社区在现代社会中承载着非常重要的组织功能和教育功能，对于推动新时代绿色生活的实现具有不可替代的价值。通过积极开展社区教育和社会管理，发挥社区的绿色生活教育功能、绿色生活监督功能，以营造更为美好的绿色生活氛围。社区绿色教育的开展应充分利用网络资源开展信息

化学习，以便加强各个社区绿色教育活动的交流。绿色社区教育应长期坚持绿色理念的学习，使理念融入转化成日常生活技能，并且应始终保持长期宣传，让公民将绿色生活贯穿于生活全过程。社区在推进绿色消费习惯的培育活动时可以邀请当地的消费者协会进社区宣讲绿色消费的相关知识，促进绿色消费的践行。社区还要加强绿色生活的监督职能，敦促居民生活方式转变。居民绿色生活方式的形成不是一朝一夕之功，以往的生活理念和习惯需要外在和内在动力的联合作用才能向新的生活方式转变。如果说教育和引导是激发社区居民的内在动力，那么检查督促就是推动居民践行绿色生活的外在动力。社区居委会或其他授权组织可以通过随机抽查和日常巡查等方式来推动居民养成绿色生活理念和生活实践，积极利用奖惩机制来提高居民进行绿色生活的积极性。在符合城市规划发展目标与政策需求的基础上，构建一套绿色社区评价体系，通过设立社区奖评监督机制来规范社区居民的生活习惯。除了社区教育引导和监督激励外，还要积极发挥社会组织在推动绿色生活践行中的教育和促进作用。社会组织教育是社会教育的重要组成部分，是改变生活方式的重要社会力量。社会组织在公民中开展绿色发展理念、绿色生活方式的社会教育，将加速全社会绿色生活格局的形成。

（三）培育绿色家风，自觉践行绿色生活

家庭作为开展生态文明建设、践行绿色发展理念最基本的社会细胞，可以让绿色家庭教育在生活、学习中发挥作用，使绿色生活方式影响到每个家庭。习近平总书记指出："不论时代发生多大变化，不论生活格局发生多大变化，我们都要重视家庭建设，注重家庭、注重家教、注重家风。"[1]家庭教育要坚持与时俱进，做到紧跟新时代的发展步伐，及时将绿色发展理念、绿色生活方式融入家庭启蒙教育中。家庭作为社会的基本细胞，是孩子人生的第一课堂。父母应成为绿色生活理念的传播者，给孩子讲好绿色发展的启蒙课。作为家庭教育的承担者，家长要帮助孩子扣好人生的第一粒扣子，让绿色生活理念在孩子心中扎根。比如，将垃圾分类、节约资源、尊崇生命、保护自然等观念融入日常家庭教育中，帮助孩子养成绿色生活的行为习惯。比如说，人离开家门随手关掉电源开关节约用电，家里水龙头安装节水阀门减少用水，尽量选择低碳出行，多多使用公共交通工具和共享交通工具，家中物品尽可能实现多次循环使用，养成垃圾分类的好习惯，可回收物品放置到回收站兑换生活积分或物资，等等。这种浸润式绿色家庭教育不仅能使孩子积极践行绿色生活方式，还可以引起孩子对环境问题的重视，通常能够收到事半功倍的效果。

新时代培育绿色低碳的生活方式是一项系统工程。政府推动、社会引导和公民自觉践行构成了一条完整的绿色链条，将生态环境保护贯穿于社会生活的各个方面，为我国全面贯彻落实习近平生态文明思想提供有力支撑。

1.中共中央党史和文献研究院：《习近平关于注重家庭家教家风建设论述摘编》，中央文献出版社2021年3月第1版第2次印刷，2021年3月，第3页。

第 **6** 章

走在绿色发展的大道上

——怎样促进经济社会发展全面绿色转型

良好生态环境既是自然财富，也是经济财富，关系经济社会发展潜力和后劲。我们要加快形成绿色发展方式，促进经济发展和环境保护双赢，构建经济与环境协同共进的地球家园。

　　——国家主席习近平在《生物多样性公约》第十五次缔约方大会领导人峰会上的讲话（2021 年 10 月 12 日）

绿色发展理念是马克思主义生态观与我国经济社会发展实际相结合的创新理念。"生态优先、绿色发展"一直是习近平总书记重视和关心的大事。2017年5月26日，习近平总书记在中共中央政治局第四十一次集体学习时强调，要坚持节约优先、保护优先、自然恢复为主的方针，形成节约资源和保护环境的空间格局、产业结构、生产方式、生活方式，努力实现经济社会发展和生态环境保护协同共进。党的十九届五中全会提出，推动绿色发展，促进人与自然和谐共生。2020年全国"两会"期间，习近平总书记强调，要保持加强生态文明建设的战略定力，牢固树立"生态优先、绿色发展"导向，持续打好蓝天、碧水、净土保卫战。习近平总书记关于推动形成绿色发展方式的重要论述，对新时期全面深入推进生态文明建设，推动形成人与自然和谐共生的现代化新格局具有重大而深远的指导意义。

一、加快形成绿色发展方式

绿色发展是以效率、协同、可持续为目标的经济增长方式和社会发展理念。党的十九届五中全会审议通过的《中共中央关于制定国民经济和社会发展第十四个五年规划和二〇三五年远景目标的建议》提出，"推动绿色发展，促进人与自然和谐共生"，并强调要"坚持绿水青山就是金山银山理念""促进经济社会发展全面绿色转型"，要把生态文明建设融入经济建设、政治建设、文化建设、社会建设各方面和全过程，让绿色发展理念重塑发展方式，只有这样，才能实现有效益、优质、可持续发展。

推动形成绿色发展方式，是贯彻落实习近平生态文明思想和新发展理念的必然要求，是实现经济社会全面绿色低碳转型的关键路径，也是建设美丽中国的重要基石。形成绿色发展方式，是指构建以产业生态化和生态产业化为核心的绿色低碳循环发展的现代化经济体系，让优质的生态环境成为经济发展的有力支撑。绿色发展方式涵盖产业结构、产业布局、能源结构、交通结构、空间格局等多个领域，为解决经济发展与生态环境保护之间的矛盾提供了基础。[1]只有形成绿色发展方式，才能满足人民群众日益增长的对优美生态环境的需求。

"十三五"期间，全国各地在推动形成绿色发展方式方面积极开展探索，形成了不少成功经验。近年来，江苏南通大力整治长江岸线，腾退沿江高能耗、高污染企业，整体搬迁港口码头，成功修复14平方公里土地，滨江城市会客厅基本建成。习近平总书记视察江苏时，曾用"沧桑巨变"一词点赞南通生态修复成果。上海大力发展绿色制造，截至2020年12月，建成绿色工厂100家、绿色园区20家，打造绿色供应链企业11家；培育壮大节能环保产业，2019年节能环保产业总营收突破1400亿元，比2015年增长75%，占战略性新兴产业比重达13.1%。重庆在中小学校大力推动环境教育，全市中小学环境教育在课程、课时、教材、师资培训、社会活动等各方面已实现全面普及，绿色学校的评选范围扩大到幼儿园和大学，重庆实现了环境教育从幼儿园到大学的全覆盖。

1.陈爱华：《论绿色发展方式和生活方式理念蕴含的生态伦理辩证法》，载《思想理论教育》，第2期，2019年2月10日。

但是，我们必须清醒地认识到，目前我国绿色发展依然存在一些制约瓶颈。一是产业结构中，重化工业占比较大，而且整体上处于全球价值链中低端，集群化、高端化、绿色化、智慧化发展任重道远。二是能源结构仍然以传统能源为主，煤炭占比超过50%，石油占比约为20%，天然气不足10%，化石能源消费总量接近85%，对照"碳达峰、碳中和"目标，降碳减排压力巨大。三是绿色技术创新较发达国家仍有较大差距。以新能源技术为例，我国已经掌握了大型风力发电设备制造技术、太阳能光伏电池技术、燃料电池技术、生物质能技术及氢能技术等重要技术，但与欧洲，美国、日本等发达国家相比，还有较大差距。新时期，我们要充分认识绿色发展的重要性、紧迫性、艰巨性，奋力开启"用生态之美、谋赶超之策、造百姓之福"的高质量发展新征程。

一是形成绿色发展价值取向。党的十八大以来，习近平总书记多次强调"绿色发展"理念，突出"绿色惠民、绿色富国"发展思路。要深入贯彻落实习近平生态文明思想和"绿水青山就是金山银山"理念，把实现生态环境高水平保护和经济社会高质量发展"双赢"作为当前建设社会主义现代化的重要价值标准，坚定不移地落实"保护生态环境就是保护生产力，改善生态环境就是发展生产力"理念，着力提升经济社会发展的含绿量、含新量和含金量，切实降低含碳量。

二是完善人与自然和谐共生的生态文明制度体系。制度是根本，是保障，是工作开展的依据。要用最严格的制度依法保护生态环境，让生态文明制度成为不可逾越的"红线"和不可触摸的"高压线"。不仅要加强源头预防，还必须有效开展过程控制，构建损害赔偿和责任追究的生态环境制度体系。完善环境税收制度，形成环境保护的逆向倒逼和正向激励机制。要推进治理体系和治理能力现代化，用新一代信息技术赋能生态环境保护，推动生态环境业务数字化、智能化转型发展。同时，广泛开展环境教育，增强公众参与环境治理能力，提高政府决策透明度和公开化，形成全社会共同参与、共建共享的良好生态发展格局。

三是加快转变经济发展方式。要彻底摒弃"唯GDP论英雄"的发展思想和粗放式发展模式。党的十九届五中全会提出，到2035年要广泛形成绿色生产生活方式，碳排放达峰后稳中有降，生态环境根本好转，美丽中国建设目标基本实现。为此，要加快钢铁、电力、化工、建材、纺织等传统产业绿色转型步伐，大力发展生态农业、环保设备制造、新能源汽车、环境咨询、新一代信息技术、现代物流、生态康养、生态文旅等绿色产业。要全方位全过程推行绿色规划、绿色设计、绿色投资、绿色生产、绿色流通、绿色消费、绿色金融，使经济社会发展建立在高效利用资源、严格保护生态环境、有效控制温室气体排放的基础上。

四是全面促进城乡绿色协调发展。在巩固"十三五"时期环境污染治理成果的同时，要打破行政区划、部门管理、行业管理的阻隔，以"一盘棋"思维谋划源头治理、整体治理和系统治理，统筹推进城市与农村的生态系统修复。在城市方面，比如浙江杭州打造"全域花园式城市"，推进绿色城市建设，加强城市精细化治理，推广绿色建筑和绿色交通，通过5G、人工智能、大数据算法等技术应用，全面打造零碳园区、零碳建筑、零碳城市展。在农村方面，要加强农业面源污染治理，全面建设社会主义幸福美丽乡村；构建生态产品价值实现机制，发展休闲观光、农事体验、乡村文化，打造特色村镇，扩展"绿水青山""金山银山"转化通道，扎实推进共同富裕。

二、全面提高资源利用效率

全面提高我国资源利用效率，有利于破解资源环境危机，有利于保障资源安全乃至国家安全，有利于激发企业活力、增加就业机会，也有利于参与甚至引领全球资源革命。党的十八大以来，党中央高度重视全过程考虑资源利用的问题，强调市场配置资源的决定性作用，强调科学技术发展是提高资源利用率的根本动力。党的十九届五中全会通过的《中共中央关于制定国民经济和社会发展第十四个五年规划和二〇三五年远景目标的建议》强调"全面提高资源利用效率"。这是破解保护与发展突出矛盾的迫切需要，更是事关中华民族永续发展和伟大复兴的重大战略问题。要站在统筹推进"五位一体"总体布局高度，正确处理保护与发展关系，在资源利用方面加强源头管控，使资源利用效率得到全面提高。要不断提高资源本身的节约和集约利用水平，满足经济社会发展合理需求；更要考虑资源利用涉及的人与自然关系，为资源开发利用划定边界和底线，限制过度利用自然资源的不合理行为。

近年来，全国各地在习近平生态文明思想的指引下，积极探索自然资源保护和合理利用新路径，取得重大进展。"十三五"时期，全国新增建设用地总量控制在3256万亩以内，单位国内生产总值建设用地使用面积下降20%。实行新的管理方式，2018—2019年，全国共消化处置批而未供建设用地722.9万亩，盘活利用闲置建设用地169.7万亩；单位国内生产总值水资源消耗2018年比2015年下降29.8%；海洋生物、能源和海水资源开发取得积极进展；矿产资源开发利用水平持续提升，原油和煤层气采收率、有色金属矿产开采回采率和选矿回收率等重要指标显著提升，矿山规模化集约化程度提升，建成绿色矿山953家。

以四川省为例，近年来，四川省积极推进水资源节约集约利用，全面落实国家节水行动方案，推进用水总量和强度双控、工业节水减排、农业节水增效、城镇节水降损、缺水地区节水开源、科技创新引领等六大重点行动，加快建立节约集约型用水方式。在成都市，2020年底第六、第七、第九再生水厂完成提标改造，3座再生水厂出厂水质均达到再生水使用标准，每日共生产120万吨再生水。预计到2025年，成都中心城区污水日处理能力将达250万吨，再生水利用率将提高到50%。同时，四川省积极鼓励企业革新节水技术，2019年确定了31家省级节水型企业和5家省级节水标杆企业，目前，以造纸、纺织染整、钢铁、石油炼制、火电五大高耗水行业为重点，创建规模以上节水型企业78家。2020年，全省万元地区生产总值用水量、万元工业增加值用水量分别为56立方米、17立方米，完成国家向四川下达的"十三五"指标任务。

四川省强化水资源刚性约束的做法主要有三点：一是加快建立水资源刚性约束指标体系。全面推进跨省和省级行政区重点河湖生态流量确定工作，明确各流域、各区域经济社会发展可利用的水资源总量，并通过完善制度体系进行合理约束。二是合理估算生态环境保护和经济高质量发展的用水需要，以此为依据界定好刚性需求，通过实施水资源相关论证，明确需水规模、准入条件。三是严格限制不合理用水需求。开展取水用水专项整治行动，完善倒逼机制，促进经济社会发展规划、建设项目和产业布局与水资源承载力相协调、相适应。

＊ 四川省九寨沟县漳扎镇的中查沟春色（新华社，江宏景/摄）

目前，我国自然资源利用和生态保护还存在一些亟待解决的问题：一是人均资源不足；二是资源粗放利用问题依然突出；三是资源过度开发导致生态系统退化形势依然严峻。"十四五"时期，必须坚持"绿水青山就是金山银山"理念，按照"保护优先、空间优化、配置优良、保障优质"的原则，从资源革命的高度努力提高资源利用效率，有效推进自然资源的总量管理、科学配置、循环利用。

一是加强国土空间科学管控。系统梳理当前正在实施的环境保护单行法，矫正单行法中的不足；对国土空间规划实行全周期管理，重组土地利用总体规划、城乡规划、主体功能区划等空间类规划，基于"多规合一"原则，建立统一的空间规划体系；在此基础上，实施统一的土地用途管制，扎实推进生态修复，在深化分类管理的基础上，强化土地综合管理；加快推进形成统一的数据标准和信息平台等。

二是坚持开发利用与保护修复相统一。人与自然是和谐共生的关系，必须坚决树立"人与自然和谐共生"理念，坚定不移地落实"在保护中开发、在开发中保护"，对资源开发实行统筹规划、合理布局，积极推进资源由粗放利用向集约利用、节约利用转变，提高资源利用效率和综合利用效率与水平；坚持"谁开发谁保护""谁破坏谁付费"的原则，探索矿产资源的绿色开发开采模式、森林和水资源的可持续利用模式，大力发展循环经济，更好地将再生资源变废为宝。

三是健全自然资源资产产权制度。第一，健全完善自然资源权利体系。健全权利体系的首要任务是明确自然资源的范畴到底多大，进而明确各种自然资源实物包括的所有权、用益物权和担保物权体系。第二，推进不动产和自然资源统一确权登记。以不动产登记为基础，将水流、森林、湿地等国家自然资源所有权和自然生态空间的自然状况、权属状况等信息记载至自然资源登记簿，并关联有关不动产登记信息，能够实现对自然资源所有权主体的清晰确认，并向全社会法定公开，可以有效解决所有权不清楚问题。党的十九届四中全会强调，推进自然资源统一确权登记法治化、规范化、标准化、信息化，健全自然资源资产产权制度，既体现了这项工作的重要性，也为后续工作推进指明了方向。第三，完善权能，创新权利实现方式。主体、客体和内容是权利的三要素。权利能力包括占有、使用、收益、处分四项，不同权利类型的权利内容有别。如何对这四项权利进行科学配置，是创新所有权实现方式的基础和关键。尤其是要从自然资源价值和增量收益两个层面，科学考量处理好国家、集体和个人的利益分配问题。

四是鼓励发展再生资源回收利用。第一，从国家层面明确各地政府扶持壮大再生资源行业的属地责任。第二，研究出台再生资源回收企业增值税进项抵扣专属政策。第三，研究出台低值可回收物回收补贴政策，进一步健全完善低值可回收物回收网络。第四，研究出台再生资源回收行业绿色通道政策，推动再生资源回收行业切实降低成本。

| 知识链接 |

风电产业

我国是世界上最大的电力能源生产国和消费国，目前，依然以火力发电为主，火力发电能耗大，污染性强，全国每年产生140万吨左右的二氧化硫等有害气体，每年5000万吨的耗水量也让国家压力倍增。因此，需要从自然能源本身的开发利用角度出发，改善电力供应结构。各级政府加大了对风电行业的扶持力度。2021年以来，除了山东、宁夏、广西、内蒙古、安徽、辽宁、山西、甘肃、天津、上海等十几个省、自治区、市发布了风电相关政策，我国大范围覆盖的风电相关扶持政策也频频出台。我国海岸线绵长，风能充足，有利于风电行业发展。据《2021年全球风能报告》显示，目前全球海上风电累计装机已达到53GW，中国占比28%，超过德国，仅次于英国，成为全球第二大海上风电市场。"十四五"期间平均每年风电新增装机容量为58.6GW，2021—2025年，年均增长率为15%，发展前景广阔。

三、探索生态产品价值实现新路径

2018年4月26日，习近平总书记在主持召开深入推动长江经济带发展座谈会时提出，要积极探索推广绿水青山转化为金山银山的路径，选择具备条件的地区开展生态产品价值实现机制试点，探索政府主导、企业和社会各界参与、市场化运作、可持续的生态产品价值实现路径。党的十九届五中全会通过的《中共中央关于制定国民经济和社会发展第十四个五年规划和二〇三五年远景目标的建议》明确提出"建立生态产品价值实现机制"。2020年11月，习近平总书记在全面推动长江经济带发展座谈会上强调，要加快建立生态产品价值实现机制，让保护修复生态环境获得合理回报，让破坏生态环境付出相应代价。2021年4月，中共中央办公厅、国务院办公厅印发《关于建立健全生态产品价值实现机制的意见》提出，要推进生态产业化和产业生态化，加快完善政府主导、企业和社会各界参与、市场化运作、可持续的生态产品价值实现路径，着力构建绿水青山转化为金山银山的政策制度体系，推动形成具有中国特色的生态文明建设新模式。

　　什么是生态产品？根据2010年发布的《全国主体功能区规划》，生态产品是指维系生态安全、保障生态调节功能、提供良好人居环境的自然要素。生态产品具有公共物品属性，其价值往往不能通过市场交易直接体现，因此，需要通过设计合理的机制，使生态产品价值在市场上得到全面显现和认可。生态产品价值实现的过程，就是将生态产品所蕴含的内在价值转化为经济效益、社会效益和生态效益的过程。建立健全生态产品价值实现机制，是深入贯彻落实习近平生态文明思想的内在要求，是践行绿水青山就是金山银山理念的关键路径，是从源头上推动生态环境领域国家治理体系和治理能力现代化的根本保障，对推动经济社会发展全面绿色转型具有重要意义。

　　因地制宜、因时制宜、因类制宜建构生态产品价值实现的主导模式，促进生态产品增值，让生态资源势能变为经济发展动能，是各级地方政府践行"两山"理论的主要路径和目标。近年来，我国先后在福建、海南等地启动生态产品价值实现先行区、试验区建设，在贵州、浙江、江西、青海四省开展生态产品市场化先行试点工作，多维度探索生态产品价值实现的机制与路径。

　　各地的积极探索取得了显著成效。例如，南京市高淳区在江苏省及南京市发改委、市场监管局和生态环境局的指导下，由中国计量大学和南京大学领衔，在全国率先探索区县级生态产品价值实现机制试点，选取辖区内东部山区东坝街道、西部圩区砖墙镇开展先行先试，于2020年9月19日正式发布全国首个县级GEP核算体系；浙江丽水坚定不移地保护得天独厚的生态资源，在成为全国首个生态产品价值实现机制试点市后，着力打造"丽水山耕"品牌，蝉联全国区域农业形象品牌排行榜首位；江苏溧阳依托高品质生态资源形成区域特色生态农业，培育天目湖鱼头、天目湖白茶、社渚青虾等品牌生态农副产品，"溧阳青虾"品牌享誉江南大地。江苏盐城统筹推进世界自然遗产的保护与发展路径，积极探索"绿水青山就是金山银山"的"盐城路径"，高起点、高标准发展黄海湿地生态旅游，提升条子泥、黄海森林公园、麋鹿和丹顶鹤自然保护区等景区品质，加强湖荡湿地旅游资源整合，构建全域旅游、"全景世遗"的旅游空间格局，打造令人向往的生态风光带、人海和谐的"蓝色经济带"等。

* 江苏盐城黄海湿地博物馆（新华社，李博/摄）

　　"十四五"时期，应进一步提高各地生态环境保护积极性、主动性、创造性，加快完善生态产品价值实现机制，培育绿色发展新动能，以"含绿量"提升发展"含金量"，推动生态文明建设向更深层次挺进。

一是完善"双 G 考核机制"。所谓"双 G"是指 GDP 和 GEP。众所周知，GDP 是指一个国家或地区所有常住单位一定时期内全部生产活动的最终成果，它主要是衡量经济状况和发展水平。而 GEP 则是指生态系统生产总值，是特定地区的生态系统为经济社会发展和人类福祉提供的各种有形或无形最终产品与服务价值的总和，包括物质产品价值、调节服务价值和文化服务价值三种。与 GDP 相比，GEP 将不同生态系统产品产量与服务量都纳入统计，以科学的统计方式给绿水青山的生态价值"明码标价"。探索实施 GDP 和 GEP 双核算，更能体现高质量发展和高水平保护的新发展理念，是发挥绿色发展指挥棒作用的必然要求。第一，要建立生态产品价值核算统计报表制度，建设"一张图"生态资源大数据库平台，形成可靠的核算数据。第二，除了对 GEP 进行精准核算以外，还应对生态资产进行精准核算。针对核心生态功能区，通过核算来对其生态保护的绩效进行核心评估；在经济条件较为发达的区域，将二者的核算与 GEP 汇总有机结合起来，对经济发展与环保的关系进行重点评价，对生态文明的发展情况进行重点考核；在绿色发展领域，对生态产品价值的实现方式进行重点探索，对各种生态产品与服务的政策以及市场化机制、技术方法进行深入研究。

二是构建调查监测与评估机制。由国家发改委、生态环境部等部门会同各省市相关部门组建联合调查团队，深入开展基础性调查，精准掌握自然资源资产数量、空间分布、功能特点、质量等级、权益归属、保护和开发利用情况，摸清"生态家底"，建立"生态账本"。建立生态产品统计报表制度，对碎片化的生态产品进行集中收储和整合优化；推进 GEP 核算成果的全面应用，让GEP"进规划、进决策、进项目、进交易、进监测、进考核"。同时，加快制定统一的生态产品价值核算技术办法，建立生态产品价值核算、价格、交易、信用等四大体系，为绿水青山贴上"价值标签"。

三是构建经营开发与市场交易机制。持续深化产权制度改革，建立生态产品与用能权、碳排放权、排污权、用水权等发展权配额之间的兑换机制，鼓励欠发达而生态良好地区购买发展权配额，提升生态环境保护者的积极性和参与度。2016年下半年，国家发改委印发了《用能权有偿使用和交易制度试点方案》，提出在浙江省、河南省、福建省、四川省开展用能权有偿使用和交易制度试点工作。2017年12月，国家发改委下发《关于浙江省、河南省、福建省、四川省用能权有偿使用和交易试点实施方案的复函》，正式批复四省开展用能权有偿使用和交易试点工作方案。在试点地区建立较为完善的制度体系、监管体系、技术体系、配套政策和交易系统，推动能源要素更高效配置。如推广重庆广阳岛实施产业生态化、生态产业化和产业数字化、数字产业化的经验，积极培育生态产品生产和供给主体，探索多元化的生态产品产业链和价值链；建立统一的生态产品交易信息平台和服务体系，形成区域间生态产品交易市场；鼓励各地积极培育具有地方特色的生态产品品牌。

四是完善流域生态补偿机制。以共建共享、受益者补偿和损害者赔偿为原则，探索建立多元化生态补偿机制，并将成功经验推广至全国；支持各省市构建"以横向财政转移支付为主，纵向转移支付为辅，其他资金为补充"的生态补偿资金体系，积极争取民间资金、政策性金融机构支持，如推广四川省成都市与阿坝州共建"成阿工业园区",推动补偿方式从"输血型"补偿为主向"造血型"补偿为主转变,通过项目合作、投资引导、技术援助等方式,鼓励经济发达省市通过飞地经济模式,将节能环保技术和生态型产业向欠发达地区转移,构建合作共赢、互惠互利的产业发展机制。

| 知识链接 |

生态补偿

生态补偿的目的是保护和可持续利用生态系统服务。这种制度安排根据生态系统服务价值、生态保护修复成本、发展机会成本,发挥政府和市场两只手作用,调节相关者利益关系,按照"谁受益、谁补偿,谁保护、谁获补偿"的原则进行调节,达到生态共建、环境共保、资源共享、优势互补、经济共赢的目标。党的十九大报告将"建立市场化、多元化生态补偿机制"列为加快生态文明体制改革、建设美丽中国的重要内容之一。根据中央精神,各地区、各部门正在积极探索生态补偿机制建设。未来,将加强制度设计,通过自愿协商,采取资金补偿、对口协作、产业转移、共建园区、技术和智力支持、实物补偿等多元化方式开展生态补偿,实现由"输血式"补偿向"造血式"补偿转变。

五是构建推进和保障机制。完善财政支持机制,鼓励各省市以公共生态产品政府供给为原则,完善生态产品政府购买机制,引导政府优先采购绿色、节能产品,完善绿色发展财政奖补机制；加大绿色金融支持力度，鼓励银行机构加大对生态产品经营开发主体中长期贷款支持力度，打造"两山银行""湿地银行""森林银行"等金融服务中心，将原本碎片化的生态资源收储整合形成优质高效的资源资产包，通过资本赋能和市场化运作，推动生态资源变现；鼓励政府性融资担保机构为符合条件的生态产品经营开发主体提供融资担保服务；依托高等学校和科研院所，加强对生态产品价值实现机制改革创新的研究，强化相关专业建设和人才培养，培育跨领域跨学科的高端智库。

四、推动绿色技术创新

绿色技术是减少污染、改善生态、降低消耗、促进生态文明建设的新兴技术，是实现绿色发展和碳达峰、碳中和的关键驱动力。绿色技术创新是推进生态文明建设的重要着力点，是引领绿色发展的第一动力。实现碳达峰、碳中和的关键是用绿色技术替代传统技术。绿色技术涵盖清洁生产、清洁能源、节能环保、生态保护与修复、城乡绿色基础设施、绿色交通、绿色建筑、生态农业等领域，包括产品设计、生产、消费、回收利用等各个环节的技术。

全球主要国家十分重视绿色技术战略布局，在工业、能源、交通等多个领域提出研发和应用推广规划。世界知识产权组织（WIPO）2020年4月数据显示，绿色技术领域国际专利申请首次提交高度集中于少数几个国家和地区，2019年76%以上的PCT绿色专利申请来自日本、中国、美国、德国和韩国等五个国家和地区。

氢能成为主要国家能源战略布局的重点。从绿色技术研究领域发展情况上看，自2007年以来，与能源相关的气候减缓技术PCT专利申请量超过其他分支技术申请量，位居专利申请的第一位。能源活动是气候变化的主要因素，约占全球温室气体排放总量的60%，从各主要国家在促进绿色技术发展的战略规划中可以看出，能源领域是主要国家战略规划的重点。2019年7月至2020年8月，全球25个国家和地区（阿根廷、澳大利亚、巴西、加拿大、中国、哥伦比亚、埃及、埃塞俄比亚、欧盟、印度、印度尼西亚、伊朗、日本、墨西哥、摩洛哥、韩国、俄罗斯、南非、沙特阿拉伯、泰国、土耳其、乌克兰、阿拉伯联合酋长国、美国和越南）通过或正在制定的60多项气候缓解政策中，与能源相关的政策高达25项。储能技术和氢能受到主要国家的重视，专利申请数量呈现逐年增加的趋势。美国、日本、德国等发达国家更是将氢能规划上升到国家能源战略高度，成为主要国家能源战略布局的重点。预计未来储能技术和氢能将成为能源领域竞争的重点技术。

伴随我国绿色低碳循环发展经济体系的建立健全，绿色技术创新日益成为打好污染防治攻坚战、推进生态文明建设的重要支撑。近年来，从中央到地方，各级党委政府大力支持绿色技术创新发展，积累了不少成功的经验。例如，北京市发改委发布《北京市构建市场导向的绿色技术创新体系实施方案》提出，到2022年，北京要基本建成市场导向的绿色技术创新体系；企业绿色技术创新主体地位进一步增强，一批企业入围国家绿色技术创新"十百千"行动；绿色技术创新产业体系、生态体系、服务体系更加完善，创新成果不断涌现，努力建设成为具有区域辐射力和国际影响力的绿色技术创新中心；到2022年，北京市将打造5个创新集群高地、4个综合应用示范区和一批专业技术示范基地，形成统筹布局"一盘棋"；重庆发布《重庆市构建市场导向的绿色技术创新体系的实施方案》提出，以解决资源环境生态突出问题为目标，2022年基本建成市场导向的绿色技术创新体系，未来培育5个年产值超过30亿元的绿色技术创新龙头企业。2021年6月9日，我国首个国家绿色技术交易中心在杭州正式揭牌，该交易中心聚焦我国低碳转型中的关键技术，开展绿色技术发布、咨询、洽谈和交易，引导我国绿色技术创新，加速成果转化应用，规划在五年内，力争引导创建100个绿色技术创新引领工程、100个绿色产业集聚区、300个绿色技术示范基地，推动培育300个绿色技术创新龙头骨干企业，催生1000项以上绿色创新技术，转化推广2000项以上绿色创新技术，撬动万亿元绿色产业。到2030年，建成我国绿色技术创新体系示范样板。在企业层面，广东超算绿色科技推出基于PaaS的绿色科技云平台ByteGreen，是国内首家碳中和解决方案PaaS云平台，针对碳中和提供一系列工业物联网综合解决方案，包括人工智能驱动的中央空调节能系统，人工智能驱动的碳捕捉、碳交易系统和碳指标数据化等，为企业提供从原材料、供应链到日常经营的碳排放一站式解决方案。

"十四五"时期，我们应深入贯彻落实新发展理念，以解决资源环境领域存在的突出问题为目标，以激发绿色技术市场需求为突破口，充分发挥市场在绿色技术创新领域、技术路线选择及创新资源配置中的决定性作用，不断壮大创新主体，增强创新活力，优化创新环境，强化产品全生命周期绿色管理，加快构建以各类创新企业为主体、政产学研深度融合、基础设施和服务体系较为完备、资源配置高效、成果转化顺畅的绿色技术创新体系。形成研究开发、应用推广贯通融合的绿色技术创新新格局。力争到"十四五"末，出现一批龙头骨干企业，绿色技术市场更加繁荣；着力布局打造一批绿色技术创新综合示范区、绿色技术工程研究中心、创新中心等，创新成果不断涌现并充分转化应用；国际合作务实深入，创新基础能力显著增强。

一是培育创新主体，增强绿色技术优质供给。强化企业绿色技术创新主体地位，进一步提高绿色技术研发能力以及对外部技术资源、技术成果的消化吸收能力，改善试验、生产等环节的创新管理能力。充分挖掘人才资源优势，不断实现生产技术的新陈代谢。

二是优化市场环境，构建高效监管服务体系。鼓励企业进入新一代信息技术、高端装备、新材料、新能源以及新能源汽车等重点行业和高端产品生产环节。健全知识产权创造、运用、管理、保护制度，为企业创造良好的生产经营环境。提升行政效能，减轻企业绿色技术创新的成本负担，切实维护绿色技术创新投资者、经营者和消费者的合法权益。

三是增强政策支持，强化绿色发展制度保障。深化税收、财政、信贷、投资等领域政策改革，对生产周期长的大宗生态产品设立期货品种，维持价格稳定。完善科技人才发现、培养、激励机制，健全符合科研规律的科技管理体制和政策体系，改进科技评价体系，激发科研机构、学校、企业转化和应用科研成果的积极性，拓宽成果转化渠道，创新转化形式，推动科研成果及时有效转化。

第 7 章

不信东风唤不回

——如何深入打好污染防治攻坚战

我们要坚持节约资源和保护环境的基本国策，像保护眼睛一样保护生态环境，像对待生命一样对待生态环境，推动形成绿色发展方式和生活方式，协同推进人民富裕、国家强盛、中国美丽。

——习近平总书记在省部级主要领导干部学习贯彻党的十八届五中全会精神专题研讨班上的讲话(2016年1月18日)

深入打好污染防治攻坚战，集中攻克老百姓身边的突出生态环境问题，是以习近平同志为核心的党中央着眼党和国家发展全局，顺应人民群众对美好生活的期待作出的重大战略部署，是一项伟大而艰巨的历史任务和时代使命。

一、坚持系统观念

系统观念作为指导中国特色社会主义事业各项工作发展的重要思想和工作方法之一，贯穿于生态环境治理和污染防治攻坚战的全过程中。在遵循自然生态的发展规律基础上，统筹自然生态系统各要素，突出大气、山水林田湖草沙、土壤污染防治等重点领域，树立综合的"系统观"，提高全社会生态环保意识，提升科学治污能力和水平，为深入打好污染防治攻坚战提供保障。

（一）深刻把握系统观念的科学内涵

系统观念是对待问题、处理问题的一种思想方法和工作方法。唯物辩证法认为，世间事物是普遍联系的，它们的内部要素之间相互影响和制约，组成一个统一的整体。系统是指相互联系、相互作用的事物按照一定的规律所形成的统一整体。系统观念就是自觉运用和体现这种整体性和联系性的思想意识，即通过对整体和全局的把握，发挥各要素组合的最大效能和作用，实现整个系统的功能最优化。

坚持系统观念是中国共产党的优良传统和成功经验。无论是革命、建设还是改革时期，我们党都十分注重运用马克思主义哲学的系统观念来指导实践和推动工作。毛泽东同志曾说：
"没有全局在胸，是不会真的投下一着好棋子的。"[1]邓小平同志
面对改革开放新时期出现的新情况和新问题，提出"一个中心、
两个基本点""两手抓""三步走"战略等。

党的十八大以来，习近平总书记多次强调系统观念，并就
这一思维方法作出一系列重要论述和指示要求，比如提出"五
位一体"总体布局、"四个全面"战略布局，"分两个阶段"推进
实现第二个百年奋斗目标的战略安排等。这些在系统观念指导下
形成的新部署新战略，为新时代各项工作指明了前进的方向。我
国"十四五"规划将"坚持系统观念"作为"十四五"时期我国
经济社会发展必须遵循的五项原则之一，这在党的重要会议和重
要文件中还是第一次。进入新发展阶段，贯彻新发展理念，构建
新发展格局，需要解决的问题会越来越多样、越来越复杂。面对
这些新矛盾、新挑战、新问题，需要从系统观念出发去谋划和解
决。在日常工作和生活中，我们既要深刻把握系统观念的科学内
涵，又要自觉将这一思维方法运用到工作之中。

（二）生态环境治理是一项系统工程

生态是统一的自然系统，是相互依存、紧密联系的有机链
条。从系统思维来看，生态环境系统是一个有机生命体。习近平
总书记指出，"人的命脉在田，田的命脉在水，水的命脉在山，
山的命脉在土，土的命脉在林和草，这个生命共同体是人类生

1.毛泽东：《毛泽东选集》（第一卷），人民出版社第2版第10次印刷，2008年6月，
第221页。

存发展的物质基础"。¹这阐释了生态环境的整体性和复杂性。

在生态环境系统内部，包含了大气、青山、绿水、林田、湖泊、草沙、土壤等要素，各个要素之间、自然环境之间以及生物与自然环境之间彼此联系、相互协调，以不同方式进行物质能量的交换，形成了整体系统和不可分割的有机体，其中的任何一个部分被破坏，都会影响整体功能的发挥。因此必须从生态环境系统的整体性、系统性及内在规律出发，统筹考虑自然生态系统中的各要素，力求进行整体保护、系统修复、综合治理。我国是一个文明古国，古代先贤很早就注意运用系统思维保护和治理生态环境。先秦时期的李冰父子，修建都江堰筑堤引水创建了奇功，将"道法自然""天人合一"思想和理念运用到治理水患上，实现了治水与灌溉的统一，使曾经水患纵横的成都平原变为天下闻名的天府之国。

2018年，习近平总书记在全国生态环境保护大会上指出："要从系统工程和全局角度寻求新的治理之道，不能再是头痛医头、脚痛医脚，各管一摊、相互掣肘，而必须统筹兼顾、整体施策、多措并举，全方位、全地域、全过程开展生态文明建设。"² 2021年4月30日，在主持十九届中共中央政治局第二十九次集体学习时，习近平总书记再次强调要坚持系统观念，注重综合治理、系统治理、源头治理。坚持系统观念是推进生态环境治理的有效途径。

1.中共中央党史和文献研究院：《十九大以来重要文献选编（上）》，中央文献出版社第1版第1次印刷，2019年9月，第452页。
2.习近平：《习近平谈治国理政》（第三卷），外文出版社第1版第1次印刷，2020年6月，第363页。

（三）系统观念是深入打好污染防治攻坚战的重要基础

深入打好污染防治攻坚战是我国生态环境治理的重要内容之一。2021年11月2日，中共中央、国务院制定《关于深入打好污染防治攻坚战的意见》，明确了打好污染防治攻坚战的总体思路、时间表和任务举措。作为决胜全面建成小康社会的三大攻坚战之一，这已经成为生态文明建设中的一场输不起的仗，也是一场硬仗和苦仗。

打好污染防治攻坚战同样也是一个系统工程。要突出大气、山水林田湖草沙、土壤污染防治等重点领域，树立综合的系统观。将系统观念运用到生态环境的污染防治中，要求我们将生态治理看作一个系统工程，以系统思维考量、以整体观念推进，统筹治气、治水、治山、治田、治林和治土等各个要素，处理好局部与整体的关系，从而取得生态治理的最优效果。这就要求我们一方面在遵循自然生态的发展规律基础上，统筹考虑自然生态系统各要素，比如山上山下、林草内外、岸上和水里、陆地和海洋、流域上下游等，不能"只见树木，不见森林"，必须打通生态环境要素间的"关节"与"经络"；另一方面，要求我们必须树立大局观和全局观，加强顶层设计的系统性和科学性，坚持一张蓝图绘到底，注重各种要素协同治理，发挥各方合力，全方位、全地域、全过程地开展生态环境污染防治，学会算大账、长远账、整体账和综合账，完善生态治理体系的系统性和有效性，提升生态治理现代化水平。党的十九届五中全会提出，增强全社会生态环保意识，深入打好污染防治攻坚战。在当前我国经济转向高质量发展的过程中，污染防治已经成为必须跨越的一道坎。要全面贯彻新发展理念，始终坚持系统观念，提高生态文明全民意识。深刻把握"科学治污"内涵，进一步提升科学治污能力和水平，推动形成科学治污新格局，为深入打好污染防治攻坚战提供保障。

良好的生态环境是最公平的公共产品，是最普惠的民生福祉。2018年5月18日，习近平总书记在全国生态环境保护大会上指出："有利于百姓的事再小也要做，危害百姓的事再小也要除。打好污染防治攻坚战，就要打几场标志性的重大战役，集中力量攻克老百姓身边的突出生态环境问题。"[1] 把解决突出生态环境问题作为民生优先领域，坚持以人民为中心的发展思想，遵循"生态惠民、生态利民、生态为民"原则，有效解决损害人民身体健康的突出问题，实现社会的公平正义。顺应民心，倾听民声，想百姓之所想，谋百姓之所谋。持续打好蓝天、碧水、净土保卫战，使之与污染防治同向同行，协同发力，共同增进人民生态福祉，努力让百姓能享受洁净的空气、喝上纯净的水，让良好的生态环境普惠千家万户，让中华大地天更蓝、地更绿、水更清、环境更优美。

二、还老百姓蓝天白云、繁星闪烁

大气是生态环境系统的保护伞。大气污染防治既是生态环境问题，也是重要的民生问题，涉及人民群众的切身利益。坚决打赢蓝天保卫战是解决突出生态环境问题的重中之重。积极

1.习近平：《习近平谈治国理政》（第三卷），外文出版社第1版第1次印刷，2020年6月，第368页。

开展空气质量达标行动，加强跨区域联防联控，以细颗粒物和
臭氧协同控制为主线，突出抓好挥发性有机物和氮氧化物协同
治理，塑造天朗气清，澄碧远空，增强人民群众的蓝天幸福感。

（一）打赢蓝天保卫战是重中之重

空气是人的生存之本。习近平总书记一直非常关心如何让
"人民群众呼吸上新鲜的空气"的问题。人民对美好生活环境
的向往和要求与日俱增。前些年全国不少地区长时间持续遭遇
雾霾污染天气，空气严重污染的天数增加，严重影响人民群众
的幸福感和获得感。坚决打赢蓝天保卫战是解决突出生态环境
问题的重中之重。2014年习近平总书记在北京市考察工作时指
出，"应对雾霾污染、改善空气质量的首要任务是控制PM2.5。
虽然说按照国际标准控制PM2.5对整个中国来说提得早了，超
越了我们发展阶段，但要看到这个问题引起了广大干部群众的
高度关注，国际社会也关注，所以我们必须处置"。[1] 2018年6
月，国务院印发《打赢蓝天保卫战三年行动计划》，针对空气质
量改善提出了硬性要求，确立京津冀、长三角和汾渭平原等重
点地区，实现联防联控，有效控制重污染天气。"十三五"期
间，大气重点污染防治取得初步成效。温室气体排放得到有效
控制，全国单位GDP二氧化碳排放总量持续下降。2020年，
全国空气质量总体改善，"十三五"约束性指标均全面超额完成。
全国地级及以上城市优良天数比率为87%，同比上升5个百分

1.中共中央文献研究室：《习近平关于社会主义生态文明建设论述摘编》，中央文献
出版社第1版第1次印刷，2017年9月，第86页。

点；PM2.5未达标城市平均浓度同比下降7.5%，比2015年下降28.8%。

以典型区域来看，在京津冀协同发展战略推动下，2014年京津冀及周边地区启动了大气污染防治协作机制，大气污染治理持续推进，北京的空气质量显著改善。9项大气环境保护的约束性指标有7项提前达到标准。河北省廊坊市在"抗击"灰霾逐渐起效后，又开始对臭氧污染这一无法"看天辨污"的问题发起"冲锋"，积极探索PM2.5和臭氧的协同控制，空气质量改善明显。近年来，山西推进能源革命与绿色生产生活方式的结合，实施优先发展和消纳以风电光电为代表的新能源战略，减少火电企业资源消耗和环境污染，再造亮丽蓝天。江西瑞金通过建立职责清晰、分工协作的固体废物管理体系，形成一、二、三产业深度融合的"无废"发展体系，大力推进全国"无废城市"试点建设。云南昆明通过将石林的砂石料装入集装箱封闭式运输，低碳节能，有效减轻了粉尘污染，消除了对大气环境的破坏，绿色生产生活方式无处不在。跟雾霾交锋的战场上，我国北方地区2500多万户实施清洁取暖改造，全国淘汰2400多万辆黄标车、老旧车，229家钢铁企业6.2亿吨粗钢产能实施超低排放改造，全面整治散乱污企业及集群，许多地方的钢铁、煤炭等落后产能被淘汰。放眼全国，空气更清新、大地更清洁的景象，如今随处可见，人民群众的生态环境获得感日益增强。

（二）实施好空气质量提升行动是关键之举

实施空气质量提升行动。当前臭氧污染问题逐步显现，已经成为影响空气质量的重要污染物，加强细颗粒物和臭氧协同控制是改善空气质量的关键。全面推进城市空气质量限期达标工作，制订并实施分阶段达标计划。以细颗粒物和臭氧协同控制为主线，强化达标排放指标约束，完善大气污染物排放总量控制制度，加强二氧化硫、氮氧化物等主要污染物综合防治。实施火电、钢铁等重点行业超低排放改造。

强化细颗粒物污染防治。调整能源消费结构，控制煤炭消费总量，倡导清洁能源发展。根据不同地方特点，依循"宜电则电，宜气则气"原则，大力推进北方地区的冬季清洁采暖，淘汰燃煤小锅炉，尽快完成"煤改电""煤改气"的升级进程，降低对大气环境的污染排放。加强汽车维修、露天喷涂污染控制，有效处理漆雾和有害挥发物。加强城市服务业挥发性有机物污染防治，在排放过程中不直接外排废气。调整公路、铁路等运输结构，严格治理柴油货车等造成的气体污染，推动技术转型升级。

加强区域联防联控。在全国各地区范围内，逐步积极完善大气污染防治联席会议制度，各地方市、县（市）人民政府要逐步完善建立联席会议制度。各区域部门间定期召开联席会议，协调解决区域突出大气环境问题，组织实施规划环评会商、联合执法、信息共享和预警应急等大气污染防治措施，通报大气污染防治工作进展。此外，通过建立区域联动的重污染天气应急响应体系，来实现空气质量监测信息互通和共享。

三、让绿水青山人家绕

绿水青山就是金山银山。水是生存之本、文明之源、生态之要，水生态安全关乎百姓生活的命脉。湖泊湿地、森林绿化作为不可再生的宝贵资源，对于调节气候、美化环境起到了不可替代的作用。推进水资源合理开发，水污染系统性治理，再现河湖清净，蓝绿交融。实行山林生态修复，做好国土绿化行动，尽显山峦含黛，层林尽染。美化城乡生活环境，消除黑臭水体，让百姓尽享风光旖旎田园美景，绘就生态绿色发展的美丽图纸。

（一）有效解决水资源短缺，让人民群众喝上干净的水

习近平同志1997年到福建省三明市调研时指出"青山绿水是无价之宝"，2005年在浙江省安吉县余村调研时指出"绿水青山就是金山银山"。

水是生存之本、文明之源、生态之要。河川之危、水源之危也是生存环境之危和民族存续之危。当前，水资源短缺问题已经成为制约生态环境治理的重要因素。

"如何让人民群众喝上干净的水"是习近平总书记长期关注的问题。党的十八大以来，鉴于全国还有上亿居民存在饮水安全问题，习近平总书记多次就水安全问题作出指示，从中华民族永续发展的高度出发，解决好水安全的问题，让百姓喝上干净、安全、放心的水。以水污染与治理为例，流域面积占全国总面积三分之一的三大河流——长江、黄河、珠江，正在遭受严重的水污染问题，必须要从系统全局角度来寻求治理方法。2016年7月20日，习近平总书记在宁夏考察工作时指出，"黄河水资源利用率已高达百分之七十，远超百分之四十的国际公认的河流水资源开发利用率警戒线，污染黄河事件时有发生，黄河不堪重负！宁夏是黄河流出青海的第二个省区，一定要加强黄河保护。沿岸各省区要自觉承担起保护黄河的重要责任，

坚决杜绝污染黄河行为，让母亲河永远健康"。[1] 截至2020年10月，长江干支流违法违规岸线利用项目2441个，已完成清理整治2414个，完成率98.9%；黄河流域水质改善明显，Ⅲ类水比例提高8.7%，超过全国平均水平。着力打好碧水保卫战，还给百姓一幅清水绿岸，鱼翔浅底的图景，是我们神圣的历史使命。

2015年1月20日，习近平总书记在云南考察工作，来到大理洱海边的湾桥镇古生村了解洱海生态保护情况。走上木栈道，湖水荡漾，苍山云绕，习近平总书记作出了"一定要把洱海保护好。让'苍山不墨千秋画，洱海无弦万古琴'的自然美景永驻人间"的指示要求。京津冀地区水资源严重短缺，地下水严重超采，环境污染问题突出，已成为我国北方地区人与自然关系最为紧张、资源环境超载矛盾最为严重、生态环境联防联治要求最为迫切的区域。2014年以来，在京津冀协同发展战略推动下，从生态系统整体性着眼，考虑大河北特别是京津保中心区过渡带地区的退耕还湖力度，扩大京津平原的森林、湿地面积，提高燕山、太行山绿化水平，增强水涵养能力，统筹永定河、潮白河上下游用水，进行了中小河流综合治理，提高了这一区域的可持续发展能力。

长江流域拥有全国40%的可利用淡水资源，是4亿人的饮用水来源，拥有全国约60%的淡水渔业产量，被誉为中国的天然鱼仓。它生态地位显著，流域内广泛分布的湖泊群和密集分布

1.中共中央文献研究室：《习近平关于社会主义生态文明建设论述摘编》，中央文献出版社第1版第1次印刷，2017年9月，第73页。

的河流，在降解污染、蓄洪防旱、调节气候和维护生物多样性等方面发挥着不可替代的作用。然而，一些地方无视长江水环境，在沿江地区密集布局高污染企业，中下游江水水质不断恶化，河湖湿地萎缩，珍贵而稀有的物种纷纷告急。2016年1月6日，习近平总书记在重庆发表重要讲话，提出要把修复长江生态环境摆在压倒性位置，共抓大保护，不搞大开发。长江经济带作为流域经济，是一个整体，需要运用系统思维，统筹各地区际政策、各个领域发展、各类资源要素，充分发挥沿江各省市的协同效应。当前，长江经济带建设的壮丽画卷正在渐次展开，长江经济带正在化身为祖国大地上崭新的绿飘带和黄金带。

（二）统筹开发利用水资源，再现河湖清净，蓝绿交融

湖泊湿地作为江河水系的重要组成部分，被誉为"地球之肾"。我国拥有面积为1平方公里以上的天然湖泊2865个，总面积7.8万平方公里，淡水资源量约占全国水资源总量的8.5%。长期以来，一些地方围垦湖泊、侵占水域，超标排污，违法养殖、非法采砂，造成湖泊面积萎缩、水域空间减少、水质恶化、生物栖息地破坏等问题。目前，我国10平方千米以上的湖泊有200多个出现面积减少，因为围填原因导致湖泊消失的有1000多个。当前，湖泊水质状况不容乐观。习近平总书记提出要积极实施湖泊湿地保护修复工程。党的十九大以后，中央全面深化改革领导小组第一次会议审议通过了《关于在湖泊实施湖长制的指导意见》，加强了对湖泊治理管理的力度，提出采取果断措施，坚决制止继续围垦占用湖泊湿地的行为，对于有条件恢复的湖泊湿地要退耕还湖还湿。

严格水资源保护和水环境综合治理。加强河湖保护，全面清理河湖乱占乱建、乱垦乱种、乱排乱倒。突出抓好良好水体保护和严重污染水体治理，实施整体保护、系统修复和综合治理，加强入江支流、入海河流源头控污和系统治污，降低污染风险，切实维护和改善水质。大力宣传节水和洁水观念。树立节约用水就是保护生态、保护水源就是保护家园的意识，营造亲水、惜水、节水的良好氛围，消除水龙头上的浪费，倡导节约每一滴水，使爱护水、节约水成为全社会的良好风尚和自觉行动。

统筹开发利用水资源。优先保障与居民密切相关的生活用水，科学节约利用生态用水，合理配置生产用水。将缺水和水污染较严重地区城市作为重点对象，加强污水深度处理，加大再生水利用力度。沿江城市要发挥好水资源优势，扩大向江引水的规模，不断完善供水基础设施；沿海建设沿海平原水库，增加沿海开发和滩涂围垦水资源供给需求。同时，针对城乡黑臭水体，采取控源截污、内源治理、疏浚活水、长效管理等综合性措施进行治理，在确保整治方案实施的基础上，逐步实现城市建成区的大面积漂浮物消除，河流岸边无垃圾，违法排污口削减。

白洋淀位于河北省，是雄安新区最大的湖泊，也是雄安新区生态建设的重要战场。古代白洋淀水域广阔，随着气候变化和开发利用等影响，白洋淀泥沙淤积、水量减少，湖水一度干涸。2017年2月23日，习近平总书记在实地考察雄安新区建设规划时，专程前往白洋淀，强调要坚持生态优先、绿色发展，划定开发边界和生态红线，建设集绿色、森林、智慧、水城于一体的雄安新区。2017年以来，雄安新区数度为白洋淀"补水"，推进污染治理和生态修复工程，终于使白洋淀水域面积再度扩大，生态也得到恢复，蓝绿交织、清新明亮、水城共融的生态城市面貌初具规模。

＊河北雄安新区白洋淀美丽春色（新华社，邢广利/摄）

（三）推进国土绿化高质量发展，尽显山峦含黛，层林尽染

森林素有"绿色水库"之称，不仅能涵养水源，调节河川径流，而且能防止水土流失，保护土地资源。森林孕育了人类，也孕育了人类文明。科学家预测，如果森林从地球上消失，陆地的生物、淡水、固氮将减少90％，生物放氧将减少60％，人类将无法生存[1]。马克思在研究破坏自然资源和生态环境问题

1.陈二厚、董峻等：《为了中华民族永续发展——习近平总书记关心生态文明建设纪实》，载《国土绿化》，第3期，2015年3月20日。

时，曾列举了波斯、美索不达米亚、希腊等由于砍伐树木而导致山体荒芜的事例。中国历史上，也多有因乱砍滥伐森林而造成的巨大生态破坏，造成青山变成秃岭，沃野变成荒漠。曾经森林遍布的黄土高原地区由于长期的乱砍滥伐，导致生态环境遭到破坏，荒漠化严重。2009—2019年，我国共完成造林面积7130.7万公顷，全国森林覆盖率上升22.96%，成为同期全球森林资源增长最多的国家。但总体上来看，我国依然是一个缺林少绿的国家，植树造林工作任重道远。

＊福建省三明市泰宁县梅口乡群山环抱的茶园（新华社，姜克红/摄）

众人拾柴火焰高，众人植树树成林。只有将植树造林变为全民参与的长期行动，中国才能越来越美丽。宁夏回族自治区的彭阳县地处黄河中上游，当初建县时林木覆盖率只有3%，经过全县340万人参与的绿化造林行动，产生了良好的生态绿化效应，2019年林木覆盖率增加到28.5%，从而每年减少了680万吨的水土流失，让山山水水变得更绿更美。贵州省六盘水市六枝特区月亮河乡曾经"靠山吃山",大规模砍伐,搞"砍树经济",为当地的煤矿巷道建设提供坑木,用山上的木材换地下的煤炭。2013年后,该地开始实行"限伐令""禁伐令",探索做"林下经济",引导农户发展种植食用菌、花卉苗圃、中药材……逐步发展成为一片温湿适宜、负氧离子含量高的"天然大棚",走出了一条从砍林到保绿的转型发展之路。福建省三明市将乐县高唐镇常口村几千亩天然阔叶林,由于连年过度砍伐,山上一度看不见成材的树木。从2003年开始,三明市开始探索林业产权制度改革,试行"分山到户、均林到人"改革,通过植树护林,实现了"山定权、树定根、人定心"。

| 知识链接 |

塞罕坝增林扩绿工程

塞罕坝位于河北省承德市,与内蒙古高原浑善达克沙地相连。历史上,这里水草丰美、森林茂密、鸟兽繁多,曾为皇家木兰围场。从19世纪60年代开始,这里开围放垦,树木被大肆砍伐,到20世纪50年代原始森林近乎绝迹。从20世纪60年代开始,林业部逐步有计划地绿化这些荒山荒地,筹建大规模机械化林场,筑起了一道保卫北京的雄伟绿色长城。近年来,塞罕坝林场继续增林扩绿,大力实施攻坚造林工程,森林覆盖率已达到86%的饱和值,塞罕坝已经建成国家级自然保护区和华北地区知名的森林生态旅游胜地。2017年,河北塞罕坝林场建设者荣获联合国环保最高奖项"地球卫士奖",这是全世界对中国生态文明建设和塞罕坝精神的高度肯定。塞罕坝创造了沙漠

变绿洲、荒原变林海的绿色奇迹，成为我国发展绿色生态
的一张名片。

四、做一片净土的守护者

土壤是人类生存的根本保证，涉及山水林田湖草沙共同体
中的沙、土，素有"地球皮肤"的美称，对自然生态系统的山、
林、草等要素影响巨大。扎实推进净土保卫战成为最重要的要
务。开展土壤污染调查与防治，减少土壤荒漠化，做好土地的
"守护神"。开展农田、耕地保育修复，进行综合整治与生态保
护建设，为后代多留下一缕泥土的芬芳。加强土壤环境保护与
安全利用，降低隐患风险，确保土地资源的永续利用，为百姓
寻得一方乐土。

（一）扎实推进净土保卫战，还土地真实面貌

土壤可为林木的生长创造条件，是生态环境系统的重要基
础。目前，土壤荒漠化已成为全球共同面临的挑战。我国历来
重视荒漠化防治工作，为美丽中国建设铺路筑石。2021年全
国"两会"期间，习近平总书记参加内蒙古代表团审议时指出，
"要统筹山水林田湖草沙系统治理，这里要加一个'沙'字。实
施好生态保护修复工程，加大生态系统保护力度，提升生态系
统稳定性和可持续性"。这标志着扎实推进净土保卫战上升到
了新的高度。2018年《中华人民共和国土壤污染防治法》的
出台标志着土壤污染防治制度体系基本建立。这为扎实推进净
土保卫战，提供了坚强有力的法制保障。严控土壤污染风险，

确保吃得放心住得安心。以土壤安全利用、危险废物强化监管与利用处置为重点，持续实施土壤污染防治行动。加强农用地土壤污染源头管控，推进农用地土壤分类管理和安全利用全覆盖。我国在治沙方面也取得巨大成就。"十三五"以来，我国累计完成防沙治沙任务880万公顷，占"十三五"规划治理任务的88%，获得世界"治沙样板"奖。内蒙古自治区乌审旗布日都嘎查就是典型例子。乌审旗布日都嘎查位于毛乌素沙地腹地，过去受过度放牧、开荒等影响，沙地生态日益恶化。黄沙滚滚半天米，白天屋里燃灯台。行人出门不见路，　半草场沙里埋。从20世纪90年代开始，当地政府鼓励居民植树种草、改良牧场，改变过去那样的掠夺式放牧，经过长期修复，昔日风沙肆虐的不毛之地，变成了如今满目葱茏的塞上绿洲。内蒙古自治区鄂尔多斯市北部的库布齐沙漠，曾被认为是"死亡之海"，不可治理。如今近1/3的沙漠里，"沙进人退"变成了"绿进沙退"，生物多样性逐步恢复，生态环境得到明显改善，区域沙尘天气比20年前减少了95%。

| 知识链接 |

库布齐治沙治土之道

库布齐沙漠位于内蒙古鄂尔多斯高原脊线以北，是中国的第七大沙漠。库布齐曾经是千年荒芜、寸草不生的"死亡之海"。20世纪50年代我国政府就提出禁止开荒，保护牧场。20世纪60年代号召种树、种草、保护基本农田。20世纪70年代提出逐步退耕还林还牧，以林牧为主，多种经营。1978年，率先推行草畜双承包的生产责任制，推动草原生态保护。20世纪80年代，把荒山、荒滩、荒沙、荒沟、荒坡划拨到户，鼓励种树种草，谁种谁有，允许继承，出现了千家万户治理荒沙、植树造林的可喜局面。经过长期治理，曾经的"死亡之海"，如今正焕发着新的生机。库布齐从"死亡之海"到"希望之地"的历史性转变，已然成为全球防治荒漠化的典范。

（二）推进土壤污染防治与修复，实现土地永续利用

加快推进土壤污染防治。通过开展针对土壤污染防治的行动计划，对重点行业、领域污染物实行管控，有效防范风险，让老百姓吃得放心，住得安心。加强重金属等污染源头控制，提高铅酸蓄电池等行业落后产能淘汰标准，逐步淘汰落后产能。加强重点重金属污染治理，全面禁止洋垃圾入境，大幅减少进口固体废物种类和数量，坚决遏制住危险物非法转移、倾倒、利用和处理处置。

推进土壤环境保护与安全利用。做好土地污染状况详查工作，完成耕地土壤环境质量类别划定，实行优先保护、安全利用和严格管控等分类管理。将符合条件的优先保护类耕地划为永久基本农田，进行严格管控，保障单位面积不减少，土壤质量不降低，除重大工程建设项目外，不允许进行任何形式的建设活动。通过科学化、专业化的生产，提升农产品安全生产水平，降低土壤对农产品造成的污染风险，实施风险管控。通过建立农用地土壤污染治理修复试点，来实现污染耕地的好转。

做好对土壤开发利用的环境风险评估。对重点区域和重点行业的企业用地开展土壤污染状况的现状摸排，了解其分布情

况，对其存在的环境风险进行预估，开展土壤环境状况调查评估。在进行土地开发和建设之前，要对土壤的质量进行测评，对于不符合质量要求的污染地块，要先进行修复和治理，由政府对其划定区域严格管控。对具有典型特征的土壤污染地块，建立污染治理修复试点，实施绿色可持续的修复示范探索，防止土壤的二次污染，以绝后患。

第 **8** 章

青山一道同风雨

——如何共同建设一个清洁美丽的世界

生态文明建设关乎人类未来，建设绿色家园是人类的共同梦想，保护生态环境、应对气候变化需要世界各国同舟共济、共同努力，任何一国都无法置身事外、独善其身。

　　——习近平总书记在全国生态环境保护大会上的讲话（2018年5月18日）

世界各国紧密相连，人类命运休戚与共。随着经济全球化和全球信息化进程的不断加速，当今各国相互联系、相互依存的程度空前加深。人类生活在同一个地球村，要促进全人类共同发展，必须继承和弘扬联合国宪章的宗旨和原则，构建以合作共赢为核心的新型国际关系，打造人类命运共同体。与此同时，人类在推动经济社会建设的过程中，全球变暖、臭氧层破坏、森林资源锐减、物种加速灭绝等全球生态环境问题也日益显现。中国在实现人民幸福、民族复兴的同时，积极关注人类命运，提出要秉持人类命运共同体理念，建设清洁美丽的世界，为人类谋和平与发展。

一、秉持人类命运共同体理念

地球是人类的共同家园。要秉持人类命运共同体理念，携手应对气候环境领域挑战，守护好这颗蓝色星球。全球生态危机的蔓延、人与自然关系的急剧紧张，给人类带来了前所未有的挑战，这也让我们进一步认识到构建人类命运共同体的必要性和紧迫性。为应对全球生态危机，我国以人类命运共同体理念为先，愿与世界各国加强生态环境保护领域的共同合作，整体推进全球生态文明建设，创造更加清洁而美丽的世界。在推进人与自然和谐共生的现代化建设过程中，深刻理解人类命运共同体理念对于推进全球生态治理的重大意义。

第一，坚持对话协商，建设一个持久和平的世界。人类居住于同一个星球上，尽管世界各国在社会制度与意识形态上各有不同，但人类有着共同的价值。如果意识形态与社会制度的偏差一直横亘在各国面前，世界各国守望相助、共创未来的美好前景将难以实现，世界大多数国家的共同利益也更是无从谈起。从人类的长期发展来看，眼前利益应该服从于长期利益。人类命运共同体理念主张求同存异，寻求人类发展的"最大公约数"。对于社会制度、意识形态上的差异，坚持用对话协商的方式进行化解。沟通协商是化解分歧的有效之策，我国一贯主张通过和平方式处理同有关国家的领土主权和权益争端，以对话增互信，以对话解纷争，以对话促安全。在构建人类命运共同体中坚持对话协商，需要各个国家与地区坚持正确义利观。我国倡导国际社会共同构建人类命运共同体，建立以合作共赢为核心的新型国际关系，坚持国际关系民主化，坚持正确义利观，坚持通过对话协商以和平方式解决国家间的分歧和争端。

第二，坚持共建共享，建设一个普遍安全的世界。纵观人类文明发展历程，尽管千百年来人类始终没有停止追求和平的脚步，但战争从未远离，人类始终面临着战火的威胁。世上没有绝对安全的世外桃源，人类生活在同一个地球上，没有一个国家能够凭一己之力谋求自身绝对安全，也没有一个国家可以从别国的动荡中收获稳定。在经济全球化时代，各国安全相互关联、彼此影响，没有一个国家可以独善其身。邻居出了问题，不能光想着扎好自家篱笆，而应该主动提供帮助。单则易折，众则难摧。各国走和平发展道路，树立共同、综合、合作、可持续的安全观，共同营造公道正义、共建共享的安全格局。这是中国在国家安全与国际安全领域对世界贡献的中国方案和中国智慧。

第三，坚持合作共赢，建设一个共同繁荣的世界。工业革命以来，环境污染就已然成为困扰全世界人民的重大生态问题，而各种自然资源的短缺与枯竭也困扰着世界各国。在全球生态危机蔓延的当下，没有任何一个国家和民族能够置身事外，唯有团结合作，才能有实效地促进生态环境的改善，实现人民幸福生活的愿景。合则强，孤则弱。合作共赢应该成为各国处理国际事务的基本政策取向。在生态危机不断加深的当今，在人与自然关系不断紧张的现在，全世界人民都应该团结起来，自觉承担责任。中国愿意本着公开、透明的态度，与世界诸国一同携手应对气候变化、能源资源安全、网络安全、重大自然灾害等日益增多的全球性问题，共同呵护人类赖以生存的地球家园。

第四，坚持互学互鉴，建设一个开放包容的世界。在漫长的历史长河中，人类创造了多姿多彩的文明，人类因文明的丰富而不断发展进步。交流互鉴是文明发展的本质要求，文明因交流而多彩，因互鉴而丰富。文明差异不应该成为世界冲突的根源。世界上有200多个国家和地区、2500多个民族以及多种宗教。不同的历史走向与国情发展，造就了不同的文化与习俗，人类也因此孕育了不同的文明。每种文明都具有自身的独特魅力与深刻的历史底蕴，各种文明没有优劣之分。坚守和而不同的价值观念，让文明在交流互鉴中得到发展进步，实现不同文明之间的交流互融，摒弃文明交流的傲慢与偏见，才是实现世界人民美好生活的必由之路。自古以来中华民族一直致力于对外文化交流，以多种方式实现了东西方之间的互联互通，为世界文明的发展进步作出了重大贡献。不同文明之间的交流互鉴、兼收并蓄是人类命运共同体发展的人文基础和重要动力。

第五，坚持绿色低碳，建设一个清洁美丽的世界。"加快绿色低碳转型，实现绿色复苏发展。中国将力争2030年前实现碳达峰、2060年前实现碳中和。"[1]绿色低碳发展是实现美丽家园的重要手段，在发展中应坚持绿色发展理念，合理开发改造自然、利用自然，但同时也要珍惜自然资源，加强生态环境保护。党的十八大以来，生态文明建设已经摆到了国家战略布局的重要高度，以习近平同志为核心的党中央积极行动，高度重视生态文明建设。随着综合国力的增强，我国的国际话语权也明显提高，展现出负责任、有担当的大国形象。在应对全球生态危机过程中，我国自觉承担相应的责任与义务，与世界各国精诚合作，保护地球生态环境，促进资源有效利用，推动生态文明建设领域的交流合作，共建美丽家园。

二、积极参与全球环境治理

全球生态环境面临严峻挑战。十八世纪以来，随着工业文明的兴起，工业化的浪潮迅速席卷全球，世界发生翻天覆地的变化。欧美等发达国家率先实现了资本主义现代化，但是这种发展模式是以资本逻辑为主导，目的在于追求剩余价值的持续增长及物质财富的积累。在当代，一些发达国家将工艺落后、污染较大的产业转移到发展中国家，这些发展中国家由于生产落后、资金不足等原因，接受产业转移而造成本国生态恶化。因此，一方面是发达国家生态环境得到恢复，另一方面却是部分

1.习近平：《坚定信心 共克时艰 共建更加美好的世界——在七十六届联合国大会一般性辩论上的讲话》，载《人民日报》，2021年9月22日。

发展中国家的生态环境遭到破坏。资本追求增殖的目的不改变，工业化大生产对自然的无限索取就不会改变。在资本主义框架内全球性的生态危机永远无法得到彻底解决。资本主义现代化道路是不适合世界上其他国家照搬照抄的。全球气候变暖、臭氧层破坏、酸雨、热带雨林减少、生物多样性锐减、海洋污染、沙尘暴、水资源短缺以及核泄漏等生态环境问题，无一不对全人类的生存发展产生影响。当今世界，国家之间时常因为稀缺的自然资源而引发矛盾冲突，环境功能退化也会造成大量环境难民流离失所，加剧了地区以及全球的动荡局势和社会关系的紧张局面。生态环境问题不单纯是人与自然的关系问题，而且是影响国家政治、经济、军事的重大问题。环境问题一旦涉及民族、种族方面，就会上升为非常复杂敏感的社会安全问题。

当前，世界上大多数国家虽然都已经清醒认识到生态环境破坏所造成的严重后果，并想从根本上去解决全球生态环境问题。但是由于不同国家之间存在利益上的分化和对立，在行动上难以做到协调统一。在认识层面，发达国家希望与发展中国家承担同样责任，而发展中国家希望发达国家要承担更多的责任；在行动方面，一些发展中国家担心治理生态环境会影响经济发展，因而比较消极。全球性生态环境问题的解决必然要经历一个长期过程，全球生态文明建设任重而道远。

第一，共建地球美好家园。为子孙后代留下一个什么样的地球，成为全球共同关注的课题。全球变暖、生物多样性锐减等生态环境问题对人类可持续发展构成严峻挑战。我国是一个负责任的大国，坚持"共同但有区别的责任"的原则，正确处理生态环境与经济、科技、人的全面发展的关系，为世界可持续发展提供了中国方案、中国智慧，作出"绿色贡献"。这有利于提升我国在全球环境治理体系中的话语权和影响力，为我国的发展营造良好的外部舆论环境，彰显了中国特色社会主义的优越性和说服力、感召力。

第二，做积极应对全球气候变化的贡献者。气候问题是一个全球性问题，威胁到全人类的生存，我国政府积极响应并推动落实《联合国气候变化框架公约》及《巴黎协定》，开展南南合作，应对气候变化。截至2019年底，中国对外承诺的碳减排2020年目标提前完成。在致2019世界新能源汽车大会的贺信中，国家主席习近平提出中国要坚持走绿色、低碳、可持续发展道路，为建设清洁美丽世界、推动构建人类命运共同体作出更大贡献。从第七十五届联合国大会一般性辩论到金砖国家领导人第十二次会晤，从气候雄心峰会到世界经济论坛"达沃斯议程"对话会，不到一年的时间里，中国不断作出承诺：中国将提高国家自主贡献力度，采取更加有力的政策和措施，力争2030年前实现碳达峰、2060年前实现碳中和。中国作为世界上最大的发展中国家，将完成全球最高碳排放强度降幅，用全球历史上最短的时间实现从碳达峰到碳中和。制订碳达峰行动计划，支持有条件的地方和重点行业、重点企业率先达峰，构建清洁低碳安全高效的能源体系。从顶层设计到不同行业和领域的具体实施方案，从"时间表"到"路线图"，中国正以前所未有的魄力推进实现碳达峰、碳中和目标，展现出作为全球生态文明建设重要参与者、贡献者、引领者的担当。在气候变化挑战面前，人类命运与共，单边主义没有出路。只有坚持多边主义，讲团结、促合作，才能互利共赢，福泽各国人民。在全球气候治理方面，我国始终坚持正确义利观，积极参与气候变化国际合作，为大自然增添绿色，为世界人民谋求发展。

第三，做生物多样性治理进程的倡导者。生物多样性是人与自然和谐共生的重要基础。作为最早加入《生物多样性公约》的国家之一，我国颁布《中国生物多样性保护战略与行动计划（2011—2030年）》，将保护生态多样性作为生态文明建设的重要任务，积极开展生物多样性保护与可持续利用。2020年，我国颁布《生物安全法》，修订《动物防疫法》《湿地保护法》《野生动物保护法》《渔业法》等法律法规。2020年2月，第十三届全国人民代表大会常务委员会表决通过《关于全面禁止非法野生动物交易、革除滥食野生动物陋习、切实保障人民群众生命健康安全的决定》，生物多样性法规体系日趋完善。我国初步划定的生态保护红线面积比例约为25%，覆盖了所有生物多样性保护生态功能区。在长江经济带、京津冀等重点区域启动实施了系统的生物多样性调查与评估工作。截至2019年12月，已经收集到全国6万余条样线数据、近30万个物种分布点数据，基本摸清了调查区域的物种类型、分布、威胁因素和保护状况等情况，发现了重要珍稀濒危物种的保护空缺。除了加强生物多样性保护生态功能区建设以外，我国不断贯彻落实以国家公园为主体的自然保护地体系。截至2018年底，我国各类自然保护地总数量已达1.18万个，自然保护地面积超过172.8万平方公里，占国土陆域面积的18%以上，提前实现了2010年《生物多样性公约》缔约方大会第十次会议上提出的2020年达到17%的目标。

＊ 云南腾冲北海湿地的美丽风光（新华社，曹梦瑶/摄）

三、共建绿色"一带一路"

2013年9月10日，国家主席习近平访问中亚和东南亚期间，提出共同建设"丝绸之路经济带"和"21世纪海上丝绸之路"的倡议。"一带一路"倡议旨在建设一个跨越不同地域、不同发展阶段、不同文明、开放包容的合作平台，以互联互通为着力点，促进生产要素自由便利流动，实现共赢和共享发展。

| 知识链接 |

一带一路

"一带一路"是"丝绸之路经济带"和"21世纪海上丝绸之路"的简称。2013年9—10月，国家主席习近平出访中亚和东南亚国家期间，先后提出共建"丝绸之路经济带"

和"21世纪海上丝绸之路"的重大倡议，简称共建"一带一路"倡议。"一带一路"本质上是一种经济互动战略，目标是强化与沿线国家的政治互信及深层次的交流合作，进一步提升中国文化软实力，实现双赢效果。"一带一路"倡议提出以来，各沿线国家和地区在经济、政治、文化、交通等领域开展了广泛合作，在政策沟通、设施联通、贸易畅通、资金融通、民心相通等方面成效显著，对沿线各国和地区的经济社会发展产生了积极影响。"一带一路"是和平之路、繁荣之路、开放之路、创新之路、文明之路，为沿线各国发展提供了新机遇，为世界经济增长注入了新动力。

"一带一路"是在中国古代丝绸之路的启示下提出的。丝绸之路是西汉张骞开辟的以长安为起点，经关中平原、河西走廊、塔里木盆地，到锡尔河与阿姆河之间的中亚河中地区、大伊朗，联结地中海各国的陆上通道。19世纪70年代，德国地理学家李希霍芬将之命名为"丝绸之路"。丝绸之路是一条东西方之间进行经济、政治、文化交流的主要道路。东汉时期的班超经丝绸之路到达罗马，实现了东西方文明的第一次对话。同时，印度僧人经丝绸之路到达洛阳，促进了佛教在中国的落地生根；唐代的玄奘，沿着丝绸之路，一路西去抵达印度取得真经，写下《大唐西域记》，推动了中国与印度的文化交流。古代丝绸之路不仅打开了东方了解西方文明的大门，也架起了西方了解东方文化的桥梁。

"一带一路"倡议是习近平总书记从人类前途命运出发、从中国以及世界发展大势出发，提出的具有中国特色的伟大构想。

习近平总书记指出："以'一带一路'建设为契机，开展跨国互联互通，提高贸易和投资合作水平，推动国际产能和装备制造合作，本质上是通过提高有效供给来催生新的需求，实现世界经济再平衡……有利于稳定当前世界经济形势。"[1]面对世界多极化、经济全球化、社会信息化的发展趋势，"一带一路"倡议不仅符合中国和沿线国家的利益，而且对推动世界经济发展具有重要意义。2018年9月，在中非合作论坛北京峰会上，国家主席习近平指出，要将"一带一路"建成绿色之路。作为五大发展理念之一，绿色发展是中国现代化应有之义。作为绿色"一带一路"倡导国，中国将生态文明建设的重要理念和实践成果，融入"一带一路"建设之中，不仅丰富了"一带一路"建设的内涵，更将助推"一带一路"建设高质量发展。

第一，绿色发展是实现高质量发展的必然选择。党的十八大以来，我国生态环境明显改善。随着人类向大气中排入温室气体的增加，地球正面临着气候变暖等一系列的生态环境问题。为积极引导应对气候变化国际合作，中国在汲取自身发展经验和教训的基础上，为全世界的绿色发展事业贡献出中国智慧，成为全球生态文明建设的参与者、贡献者、引领者。人类在推动经济社会发展过程中不能忽视生态文明建设，实现现代化不能以牺牲生态环境为代价。在"一带一路"建设过程中，加强生态文明建设，不仅是中国政府和沿线国家的责任，更是各国企业和人民的责任，绿色"一带一路"是生态产业的对接、是

1.习近平：《习近平谈治国理政》（第二卷），外文出版社第1版第1次印刷，2017年11月，第504页。

生态文明的协作、是生态价值的彰显。实现高质量的发展是实现合作项目的高质量，而绿色是"一带一路"高质量发展最鲜明的底色，也是共创美好未来的必然要求。

第二，绿色之路是清洁美丽世界建设的必然要求。习近平总书记在党的十九大报告中指出："我们呼吁，各国人民同心协力，构建人类命运共同体，建设持久和平、普遍安全、共同繁荣、开放包容、清洁美丽的世界。"[1]当今世界发展正处于百年未有之大变局，这个变局既是国际政治力量的对比和全球治理秩序的深刻变革，更是人类社会发展的巨大变革。在人类社会不断进步和生态环境问题日益凸显的情况下，人类需要在生态保护和经济发展中作出抉择。这不仅关乎个别国家的生存发展，而且涉及全人类的前途命运，需要世界各国携手合作，共同推动全球生态环境保护工作。

第三，"一带一路"倡议是构建人类命运共同体的重要途径。中国推动绿色"一带一路"发展，将美丽中国建设与建设清洁美丽世界相结合，积极投入全球生态文明建设与保护的浪潮中，用实际行动践行绿色发展理念，将绿色发展理念真正融入"一带一路"工程建设之中。在第二届"一带一路"国际合作高峰论坛上，中国与"一带一路"沿线国家以"共建'一带一路'，开创美好未来"为主题，以推动"一带一路"合作实现高质量发展为核心内容，对"一带一路"建设进行深入探讨

1.习近平：《决胜全面建成小康社会　夺取新时代中国特色社会主义伟大胜利——在中国共产党第十九次全国代表大会上的报告》，人民出版社第1版第1次印刷，2017年10月。

与研究。绿色是美好生活的底色，也是"一带一路"高质量发展的重要内容。只有世界各国携手合作，才能共同应对全球生态环境难题。

近年来，绿色"一带一路"倡议已经得到越来越多的国家响应。中国与共建国家和国际组织签署了50份双边和多边生态环境合作文件。2019年4月，"一带一路"绿色发展国际联盟在北京成立，打造绿色发展合作沟通平台。随着论坛影响力的扩大，包括国际组织、智库和企业等130多个中外机构先后加入联盟，成为联盟的重要合作伙伴。

第一，丰富合作平台，合作模式更加务实。自"一带一路"倡议提出以来，中国依托中国—东盟环境保护合作中心、中国—上海合作组织环境保护合作中心、澜沧江—湄公河环境合作中心等机构，深化与"一带一路"沿线国家经济生态环保上的合作，坚守绿色发展底线，聚焦沿线国家产业发展优势资源，建立"一带一路"生态环保国际合作平台。中国作为"一带一路"倡导者，积极与"一带一路"沿线国家合作，推动"一带一路"国家经济发展的同时，坚持绿色发展理念，真正做到绿色"一带一路"。中国修建的非洲第一条跨国电气化铁路——亚吉铁路，不仅为相关国家和地区提供了发展机会，其节能环保的运行模式也成为共建绿色"一带一路"的最佳案例。

第二，深化政策沟通，绿色共识持续凝聚。在提出"一带一路"倡议后，中国积极参与联合国环境大会、联合国气候行动峰会等活动，宣传和分享我国生态文明和绿色发展理念、实践和成效。近年来，中国积极推动绿色"一带一路"政策对话，搭建绿色"一带一路"沟通平台，举办第二届"一带一路"国

* 中非产能合作标志性工程——亚吉铁路（新华社，孙瑞博/摄）

际合作高峰论坛绿色之路分论坛、"一带一路"绿色发展国际联
盟全体会议等主题交流活动。此外，中国政府每年举办20多次
关于生物多样性保护、应对气候变化等领域的专题研讨会。通
过完善政策对话搭建沟通桥梁，构建绿色发展国际合作伙伴关
系和网络，进一步凝聚绿色"一带一路"国际共识。

第三，务实合作成果，共建成效日渐显现。为实现联合国
2030年可持续发展目标，提升中国与"一带一路"沿线国家生
态环境治理能力，中国政府与"一带一路"沿线国家共同提出
绿色丝路使者计划。绿色丝路使者计划实施以来，中国政府积
极与"一带一路"沿线国家开展经济文化生态交流活动。迄今
为止，中国已为120多个国家培养环境官员、研究学者及技术
人员2000余人次。中国政府还与有关国家共同实施"一带一
路"应对气候变化南南合作计划，提高"一带一路"沿线国家

应对气候变化能力，结合沿线国家绿色发展现状和需求，帮助"一带一路"沿线国家提升减缓和适应气候变化水平，推动沿线国家能源转型，促进中国环保技术和标准、低碳节能和环保产品国际化。

　　"一带一路"建设不是空洞的口号，而是看得见、摸得着的实际举措，将给沿线国家带来实实在在的利益。中国愿同"一带一路"沿线国家把握历史机遇，应对各种风险挑战，推动"一带一路"建设向更高水平、更广空间迈进。

第 9 章

直挂云帆济沧海

——建设美丽中国为什么前景可期

现在，生态文明建设已经纳入中国国家发展总体布局，建设美丽中国已经成为中国人民心向往之的奋斗目标。中国生态文明建设进入了快车道，天更蓝、山更绿、水更清将不断展现在世人面前。

——国家主席习近平在中国北京世界园艺博览会开幕式上的讲话（2019年4月28日）

党的十八大以来，我国生态文明建设取得历史性成就，污染防治力度加大，生态环境明显改善，全国各地环境"颜值"普遍提升。2021年，是"十四五"开局之年。站在新起点，我国生态文明建设必须坚持和加强党的全面领导，不断提高生态环境领域治理体系和治理能力现代化水平，汇聚实现绿色梦想的磅礴力量，在持续改善生态环境、努力建设人与自然和谐共生现代化的新征程上奋力疾驰。

一、党对生态文明建设的全面领导

党的十九届六中全会审议通过的《中共中央关于党的百年奋斗重大成就和历史经验的决议》明确指出，"党的十八大以来，党中央以前所未有的力度抓生态文明建设，全党全国推动绿色发展的自觉性和主动性显著增强，美丽中国建设迈出重大步伐，我国生态环境保护发生历史性、转折性、全局性变化"[1]，根本原因在于以习近平同志为核心的党中央的坚强领导。中国共产党是执政党，是我国生态文明建设事业的领导核心，是实现美丽中国目标的根本政治保证。

（一）中国共产党始终是生态文明建设事业的根本领导力量

"没有共产党就没有新中国，共产党辛劳为民族，共产党他一心救中国……"这首代代中华儿女耳熟能详的歌曲告诉我

1.《中共中央关于党的百年奋斗重大成就和历史经验的决议》，人民出版社第1版第1次印刷，2021年11月，第52页。

们，没有共产党，就没有新中国；没有共产党，就没有中华民族从"东亚病夫"到站起来再到富起来最终强起来的伟大飞跃；没有共产党，就没有中国特色社会主义。邓小平同志指出："在中国这样的大国，要把几亿人口的思想和力量统一起来建设社会主义，没有一个由具有高度觉悟性、纪律性和自我牺牲精神的党员组成的能够真正代表和团结人民群众的党，没有这样一个党的统一领导，是不可能设想的，那就只会四分五裂，一事无成。"[1]在我国长期革命、建设和改革的伟大实践中，历史和人民选择了中国共产党，确立了中国共产党的领导核心地位。党政军民学，东西南北中，党是领导一切的。坚持党的领导是当代中国最高的政治原则，这一点绝不能有任何的含糊和动摇。中国共产党领导是中国特色社会主义最本质的特征，是中国特色社会主义制度的最大优势，是党和国家的根本所在、命脉所在，是全国各族人民的利益所系、命运所系。

办好中国的事情，关键在于中国共产党。中华人民共和国成立伊始，我们党就团结带领人民群众摆脱贫困，发展经济，开始生态文明建设和生态环境保护事业的艰辛探索。正如习近平总书记指出的，"我们党历来高度重视生态环境保护，把节约资源和保护环境确立为基本国策，把可持续发展确立为国家战略"。[2]从"绿化祖国"、要使祖国"到处都很美丽"的伟大号召到"环境保护"的基本国策，从可持续发展战略到科学

1.邓小平：《邓小平文选》（第二卷），人民出版社第2版第6次印刷，2006年7月，第341—342页。
2.习近平：《坚决打好污染防治攻坚战　推动生态文明建设迈上新台阶——在全国生态环境保护大会上的讲话》，载《人民日报》，2018年5月20日。

发展观，从将"生态文明建设"上升至与经济建设、政治建设、文化建设和社会建设的同等高度到习近平生态文明思想的形成，都是不同时期我们党创造性地回答人与自然、人与人、人与社会关系问题而形成的重大理论成果，同时也说明了生态环保、绿色发展是中国共产党治国理政的重要理念和实践形态，贯穿于实现天蓝、地绿、水清的美丽中国梦的时代愿景中。党旗红才能成就生态美，只有坚持党的领导，我们才能在中国特色社会主义生态文明道路上越走越远。

（二）中国共产党拥有推动生态文明建设事业的卓越领导力

党的十八大以来，我们加强党对生态文明建设的全面领导，以前所未有的决心和力度采取了系列果断措施，开展了一系列根本性、开创性和长远性的工作，坚决打赢打好污染防治攻坚战，统筹山水林田湖草沙系统治理，深化生态文明体制改革，使得生态文明建设从认识到实践都发生了历史性、转折性、全局性的变化，"青山有色花含笑，绿水无声鸟作歌"的自然美景正在逐步重现，这些成就无疑彰显出中国共产党卓越的领导力。卓越的领导力主要来自以下三个方面。

第一，科学理论的指导。习近平总书记指出："中国共产党为什么能，中国特色社会主义为什么好，归根到底是因为马克思主义行！"[1]我们党之所以能够承受近代以来任何其他政治力量不可能承受的艰难困苦，战胜不可能战胜的风险挑战，完成不可能

1.习近平：《在庆祝中国共产党成立100周年大会上的讲话》，载《求是》，第14期，2021年7月16日。

完成的艰巨任务，就在于始终把马克思主义作为我们立党立国的根本指导思想，坚持把马克思主义基本原理同中国具体实际相结合，同中华传统文化相结合。我们党始终坚持用马克思主义关于人与自然关系的思想及其中国化理论成果指导推进我国生态文明建设。我们要以习近平新时代中国特色社会主义思想和习近平生态文明思想为科学指引，实现生态文明建设新进步。

第二，人民领袖的掌舵领航。万山磅礴有主峰。毛泽东同志曾经用"桃子"作过一个生动的比喻，说一个桃子剖开就只有一个核心。一个国家、一个政党，领导核心至关重要。核心就是领袖、统帅和主心骨。邓小平同志曾经强调，任何一个领导集体都要有一个核心，没有核心的领导是靠不住的。党的十八届六中全会正式确立习近平总书记党中央的核心、全党的核心地位，党的十九大把习近平总书记党中央的核心、全党的核心地位写入党章。党的十九届六中全会指出："党确立习近平同志党中央的核心、全党的核心地位，确立习近平新时代中国特色社会主义思想的指导地位，反映了全党全军全国各族人民共同心愿，对新时代党和国家事业发展、对推进中华民族伟大复兴历史进程具有决定性意义。"[1]习近平总书记成为全党公认、人民爱戴的领袖是时代的呼唤、历史的选择和人民的期盼。习近平总书记是新时代推动生态文明建设和生态环境保护的领路人、掌舵者和总指挥，为绘就美丽中国新画卷、实现中华民族永续发展提供了根本保障。

1.《中共中央关于党的百年奋斗重大成就和历史经验的决议》，人民出版社第1版第1次印刷，2021年11月，第26页。

第三，坚如磐石的战略定力。中国共产党是具有强大战略定力的伟大政党。建设美丽中国道阻且长，行则将至。中国共产党能成为历史和时代的强者，能深刻改变近代以后中华民族发展的方向和进程，能深刻改变中国人民和中华民族的前途和命运，能深刻改变世界发展的趋势和格局，正是因为拥有强大的战略定力，才能把得准方向、扛得起责任，担得住风险、布得好全局。当前，我国生态文明建设处于压力叠加、负重前行的关键期，还需要跨越许多"娄山关""腊子口"。必须保持生态文明建设战略定力，咬紧牙关，翻过这座山，迈过这道坎，以热爱自然的情怀和科学治理的精神，建设青山常在、绿水长流、空气常新的美丽中国。

| 知识链接 |

党的领导制度

党的十九届四中全会将党的领导制度明确为我国的根本领导制度，强调要坚持和完善党的领导制度体系，这是理论创新、实践创新和制度创新相统一的重大成果。建立不忘初心、牢记使命的制度，为坚持和完善党的领导制度体系奠定坚实基础；完善坚定维护党中央权威和集中统一领导的各项制度，明确这一制度体系必须坚持的最高原则；健全党的全面领导制度，是这一制度体系的主体内容；健全为人民执政、靠人民执政各项制度，反映这一制度体系的价值追求；健全提高党的执政能力和领导水平制度，体现这一制度体系的实践要求；完善全面从严治党制度，为坚持和完善这一制度体系提供了坚强保证。这六个方面的制度相互联系，共同搭建起了党的领导制度体系大厦，是坚持和加强党对一切工作领导的根本制度保障。

（三）中国共产党谋划绘制美丽中国未来数十年的发展蓝图

习近平总书记豪情满怀地说："我们这么大一个国家，就应该有雄心壮志。"[1]尽管前路障碍重重，但我们的信念依然无比坚定，"青山绿水共为邻"的美好愿景终将会实现！

2017年10月，党的十九大为建成美丽中国制定了首个"时间表"，从2020年奋斗到2035年，基本实现社会主义现代化，那时生态环境将根本好转，美丽中国目标基本实现；再从2035年奋斗到21世纪中叶，把我国建成富强民主文明和谐美丽的社会主义现代化强国，那时生态文明将全面提升，实现生态环境领域国家治理体系和治理能力现代化。2018年4月的全国生态环境保护大会，习近平总书记再次强调了这张"时间表"，提出确保到2035年节约资源和保护环境的空间格局、产业结构、生产方式、生活方式总体形成，生态环境质量实现根本好转，生态环境领域国家治理体系和治理能力现代化基本实现，美丽中国目标基本实现。到21世纪中叶，建成富强民主文明和谐美丽的社会主义现代化强国，物质文明、政治文明、精神文明、社会文明、生态文明全面提升，绿色发展方式和生活方式全面形成，人与自然和谐共生，生态环境领域国家治理体系和治理能力现代化全面实现，建成美丽中国。

1.习近平：《在庆祝改革开放40周年大会上的讲话》，人民出版社第1版第1次印刷，2018年12月，第40页。

　　2019年10月，党的十九届四中全会通过的《中共中央关于坚持和完善中国特色社会主义制度推进国家治理体系和治理能力现代化若干重大问题的决定》明确了坚持和完善中国特色社会主义制度、推进国家治理体系和治理能力现代化的总体目标，关于生态文明制度体系建设提出具体要求：到我们党成立一百年时，在生态文明制度体系更加成熟更加定型上取得明显成效；到2035年，生态文明制度体系更加完善，基本实现生态环境领域国家治理体系和治理能力现代化；到中华人民共和国成立一百年时，全面实现生态环境领域国家治理体系和治理能力现代化。2020年9月22日，国家主席习近平在第七十五届联合国大会一般性辩论上的讲话明确指出："中国将提高国家自主贡献力度，采取更加有力的政策和措施，二氧化碳排放力争于2030年前达到峰值，努力争取2060年前实现碳中和。"[1]

　　2020年10月，党的十九届五中全会通过的《中共中央关于制定国民经济和社会发展第十四个五年规划和二〇三五年远景目标的建议》指出：生态文明建设实现新进步是"十四五"时期经济社会发展主要目标之一。展望"十四五"时期，我国国土空间开发保护格局得到优化，生产生活方式绿色转型成效显著，能源资源配置更加合理、利用效率大幅提高，主要污染物排放总量持续减少，生态环境持续改善，生态安全屏障更加牢固，城乡人居环境明显改善；展望2035年，要广泛形成绿

1.习近平：《在第七十五届联合国大会一般性辩论上发表重要讲话》，载《光明日报》，2020年9月23日。

色生产生活方式，碳排放达峰后稳中有降，生态环境根本好转，美丽中国建设目标基本实现。

＊四川泸州市民在长江边观赏红嘴鸥（新华社，牟科/摄）

二、生态治理能力和水平不断提升

中国特色社会主义生态文明建设的前进道路中会面临各种风险挑战，需要以极大的勇气和魄力、高超的智慧和能力去不断提升生态治理能力和治理水平，更好地发挥社会主义制度的优越性，我们才能昂首阔步向美丽中国目标迈进，我们才能实现让生于斯、长于斯的家园更加秀美多姿的美好理想。

（一）完善生态文明制度体系是提升生态治理水平的基础

不以规矩，不能成方圆。治理国家，制度是起根本性、全局性、长远性作用的，因而制度建设的重要性不言而喻。法律制度是生态环境保护的刚性约束。据史料记载，我国最早的环境保护机构产生于五帝时期，保护自然资源的法令法规最早产生于先秦时期。周朝曾设立专门掌管山林川泽的机构，制定政策法令，把生态保护的观念上升为国家管理制度，就是虞衡制度。《周礼》曾记载"山虞掌山林之政令，物为之厉而为之守禁""林衡掌巡林麓之禁令，而平其守"。每个朝代的虞、衡机构职责会有些变化，虞衡制度及其基本机构一直延续到清代。我国不少朝代都有保护自然的律令并对违令者重惩，比如，周文王颁布的《伐崇令》规定："毋坏室，毋填井，毋伐树木，毋动六畜。有不如令者，死无赦。"鉴古可以知今。要从根本上解决这些问题，必须要依靠制度、依靠法治。秦岭环境"五乱"问题、敦煌万亩沙漠防护林遭剃光头式砍伐、新疆阿尔金山国家级自然保护区非法盗采沙金等，归根结底与体制不健全、制度不严格、法治不严密、执行不到位、惩处不得力有关。要把生态文明建设纳入制度化、法治化轨道，才能为建设美丽中国保驾护航。

建设生态文明，重在建章立制。生态文明建设是关系中华民族永续发展的根本大计。加强生态文明建设首先需要"顶层设计"，根据经济社会发展与生态文明建设的需要，制定、修改和完善与生态文明建设相关制度法律，这是依法治理生态环境，提高环境治理水平的前提基础。同时，也要树立"一盘棋"的思想，保证制度之间的系统性、规范性和协调性，加强制度的系统综合建设，对生态文明建设进行全面、系统、科学的规划。什么是管长远的、什么是管眼前的，什么是宏观问题、什么是微观问题，这些都应该进行梳理。坚持系统观念，从生态系统整体性出发，更加注重综合治理、系统治理、源头治理。

| 知识链接 |

生态文明制度体系

　　生态文明制度体系是指一切有利于加强环境保护、推进生态文明建设的各种制度法律或行为规范构成的内容丰富、相互协调的统一整体。从横向构成来看，包括要实行最严格的生态环境保护制度、全面建立资源高效的利用制度、健全生态保护和修复制度、严明生态环境保护责任制度等；从纵向构成来看，包括宪法中关于生态文明的规定，全国人大及其常委会制定的涉及生态文明建设的法律，国务院制定的生态文明行政法规，地方性法规中关于生态文明建设的规定，其他相关政策等。完善和发展生态文明制度体系，是建设社会主义现代化强国的题中应有之义，有利于充分展现生态环境治理的中国智慧、中国方案和中国贡献，将对全球生态环境治理进程产生重要影响。

　　用最严格制度最严密法治保护生态环境。党的十八大以来，我国制定出台和修订完善《关于加快推进生态文明建设的意见》《生态文明体制改革总体方案》等一系列关于生态文明建设的制度规定和法律法规，生态文明建设顶层设计已经完成。党的十八届三中全会提出加快建立系统完整的生态文明制度体系；四中全会要求用严格的法律制度保护生态环境；五中全会将绿色发展作为重要理念。党的十九大提出加快生态文明体制改革，建设美丽中国。党的十九届四中全会对坚持和完善生态文明制度体系作出了进一步系统的安排，明确了重点任务，推动生态文明制度体系更加成熟、更加定型。同时，生态环境保护法律体系也不断健全、逐步完善。2015年1月1日开始实施号称"史上最严"的《中华人民共和国环境保护法》，并且重新修订《中华人民共和国大气污染防治法》《中华人民共和国水污染防治法》《中华人民共和国土壤污染防治法》等法律。这些夯基垒台、立柱架梁的工作，搭起了产权清晰、多元参与、激励与约束并重、系统完整的生态文明制度体系的框架，生态文明制度建设"四梁八柱"基本形成。法律制度的威慑力和约束力能够有效平衡化解经济发展和生态环保之间的关系，唤醒人们的生态保护意识，规训人们的行为。

（二）强效有力的制度执行能力是提升生态治理水平的关键

制度的生命力在于实施。如果有制度不去执行，那就比没有制度的危害还要大。制度体系要有效执行，制度优势才能转化为治理效能。奉法者强则国强，奉法者弱则国弱，一定要确保生态环境保护法律法规可以被强有力的贯彻执行。

生态文明建设任务能否落到实处，干在实处，关键在于领导干部。行政区域生态环境保护的第一责任人是地方各级领导干部。一些重大生态环境事件的背后，都有领导干部思想上"不愿抓"、落实上"不真抓"的问题。部分领导干部缺乏符合社会主义生态文明建设基本要求的政绩观和价值观，一味追求经济效益，不计环境污染和环境破坏。以GDP增长论英雄的经济发展方式只会加剧环境保护和经济发展的矛盾。因此，要严格落实《党政领导干部生态环境损害责任追究办法（试行）》，决不允许出现当地的生态环境搞得一团糟，领导干部拍拍屁股走人甚至反而被提拔重用的怪象发生。不讲责任、不追究责任，再好的制度也会成为纸老虎、稻草人。党的十八届三中全会强调："完善发展成果考核评价体系，纠正单纯以经济增长速度评定政绩的偏向。"[1]按照《生态文明建设目标评价考核办法》要求，依据依法依规、客观公正、科学认定、权责一致、终身追究的原则，建立科学合理一体化的考核评价体系，引导地方各级党委和政府形成正确的政绩观，并将这种考核体制与干部晋升直接挂钩，才能加快推动绿色发展和生态文明建设。

制度执行一体化水平也是提升生态治理水平的重要体现。制度建设会存在碎片化、分散化、部门化现象，制度体系合力难以实现最大化。不同部门的职责交叉重复、空间规划重叠冲突、地方规划朝令夕改等问题仍然存在。统分结合、整体联动的工作机制尚不健全，生态文明建设区域合作仍然虚多实少。因此，需要注重全面协调发展，全方位、全地域、全过程开展生态文明建设，拧紧环境治理"总开关"。建立健全制度执行的管理机制、协调机制、监督机制、反馈机制，明晰生态文明制度的执行效率与效用，让一项项单个的制度变成环环咬合的制度链、制度簇，并且及时转化为法律法规、主流价值观和行动准则，切实为生态环境治理提供坚实助力。

1.《中共中央关于全面深化改革若干重大问题的决定》，载《光明日报》，2013年11月16日。

　　有效的环境监管是提高制度执行能力的重要法宝。环境保护督察是党中央、国务院推进生态文明建设和环境保护的一项重大制度安排。在生态治理的具体落实当中一定要加强督察，要形成全国范围内的环境督察工作全覆盖。中央生态环保督察成为推动落实生态环保责任的"利剑"，敢于动真格，不怕得罪人，咬住问题不放松，成为推动地方党委和政府及其相关部门落实生态环境保护责任的硬招实招。2015年7月，习近平总书记主持召开中央全面深化改革领导小组会议，审议通过《环境保护督察方案（试行）》。2019年6月，中共中央办公厅、国务院办公厅印发《中央生态环境保护督察工作规定》。截至2019年6月，已完成对全国31个省（区、市）和新疆生产建设兵团第一轮督察全覆盖，并分两批对20个省（区）开展"回头看"。2021年5月，经中央领导同志批准，中央生态环境保护督察工作领导小组第二次会议审议，中央生态环境保护督察办公室印发实施《生态环境保护专项督察办法》，作为《中央生态环境保护督察工作规定》的配套制度，为依法推动生态环保督察向纵深发展提供重要制度支撑。

　　（三）多方参与的环境治理体系是提升生态治理水平的主体

　　建设生态文明是一场涉及生产、生活和思维等各个方面的绿色革命性变革。要实现这样的变革，必须建立健全多方共治的环境治理体系。为了贯彻落实党的十九大部署，中共中央办公厅、国务院办公厅印发了《关于构建现代环境治理体系的指导意见》，提出了要"构建党委领导、政府主导、企业主体、社会组织和公众共同参与的现代环境治理体系"。

基于强调治理主体多元性的协同治理理论，形成导向清晰、决策科学、执行有力、激励有效、多元参与、良性互动的环境治理体系，可以进一步明确不同的主体在生态文明建设中所应发挥的作用、承担的职责和扮演的角色，强化责任意识和生态意识，在社会主义生态文明建设的伟大进程中相互作用影响，形成合力，实现经济、人口、资源、环境与社会的互利共赢、持续发展。

对于各级党委而言，要把握好绿色发展方向与生态文明建设大局。生态文明是人类文明发展的历史趋势，是中国共产党科学执政的新价值取向。"社会主义生态文明建设是对党的执政理念、执政方式和执政能力的一种新考验。"[1]各级党委要认真贯彻执行党中央以及上级党委关于环保工作的方针政策，把环保工作纳入党委日常工作议程，全面贯彻新时代党的建设总要求和新时代党的组织路线，强化政治引领，坚定不移推进全面从严治党，锻造忠诚干净担当的干部队伍，为生态文明建设提供坚强组织保障。

政府作为推进生态文明建设工作的主要领导者、组织者、协调者，要担负起政治责任，认真落实"党政同责、一岗双责"，层层压实责任，确保党中央关于生态文明建设各项决策部署落地见效。尤其是要加快生态政府建设，"生态政府与生态行政是生态政治实践的必然要求和逻辑目标，也是决定生态社会

1.刘海霞：《马克思主义生态文明思想及中国实践研究》，中国社会科学出版社第1版第1次印刷，2020年10月，第227页。

建设能否顺利实现的极为重要的因素"。[1]政府生态行政是推动经济、政治、社会、文化和生态等之间协调可持续发展的重要保障和明智选择，发展生态经济，建立健全生态补偿制度，制定和完善相关法律法规体系，树立正确的政绩观，建立和完善干部生态问责制，从而向着天蓝、地绿、水清、景美、人富、国强的目标迈进。

企业是社会主义生态文明建设的市场主体。生态与商业有密切联系，绝大多数的企业生产经营活动追根溯源都对自然生态环境有依赖。因此，企业在生产经营活动中不能承担相应的生态责任，是诱发生态环境问题的重要原因，同样还会制约企业本身的可持续发展。为此，需要建立企业积极履行生态责任的长效管理机制。企业要自觉树立生态责任意识，这是企业承担生态责任的前提条件；加快培育先进的企业生态文化，这是反映企业环保事业进展情况的晴雨表；积极推进清洁生产，这是企业对社会负责任的重要表现。建立企业生态责任的绩效评价指标体系，确保企业生态责任的具体落实；建立企业生态责任激励机制，这是政府刺激企业主动承担生态责任的有效手段。

对于社会组织而言，虽然党委政府和企业的力量在社会主义生态文明建设进程中是不可或缺的，但是也需要社会组织这一重要主体发挥其应有的作用。一是加强对全社会的生态文明宣传教育。把握正确舆论导向，发挥新闻传媒和网络作用，精准解读和广泛宣传生态文明建设的新理念、新政策、新要求。

1.郭珉媛：《生态政府：生态社会建设中政府改革的新向度》，载《湖北社会科学》，第10期，2010年10月10日。

二是收集民意，影响政府决策。社会组织灵活自由度较高，将民意进行收集归纳整理，成为党委政府和民众沟通的桥梁，有利于政府做出顺应民意的决策。三是举办开展一系列的环保实践活动，使环保理念深入人心，形成推进生态文明建设的良好社会氛围。

对于公众而言，公众的参与程度关乎一个国家生态文明建设成果的好坏。在社会主义生态文明建设中，公众是最直接的参与者和建设者，同时也是最终的见证者和享有者。"生态文明说到底归结为人的文明，人的文明状况直接影响和决定生态文明的状况。"[1] 通过确认公众参与生态文明建设的权利，比如监督权；掌握生态道德责任知识，比如大家所熟知的"保护环境，人人有责"；以及法制等手段培养塑造并提升公众的生态文明责任和生态文明素养，以此来调整和变革人们不合理、不健康的传统生活方式，倡导健康文明的绿色生活方式，提倡适度消费、崇尚低碳环保消费；提升公众参与生态文明建设的意愿和能力，以及提供公众参与生态文明建设的制度平台和保障。

三、汇聚实现绿色梦想的磅礴力量

建设美丽中国彰显的是中国智慧、传递的是中国信心、展现的是中国力量。960万平方公里的中华大地，不会因为疫情而黯然失色，而是会继续描绘多彩的画卷、继续讲述美丽的故

---

1. 方世南：《马克思恩格斯生态文明思想——基于〈马克思恩格斯文集〉的研究》，人民出版社第1版第1次印刷，2017年12月，第180页。

事，让世界各国看到一个地球上最大的发展中国家以人与自然
和谐共生的美好状态屹立于世界东方。

（一）建设美丽中国彰显中国智慧

实现中华民族的永续发展必须推进生态文明建设。在
《〈政治经济学批判〉序言》中，马克思从唯物主义的视角指
出："人类始终只提出自己能够解决的任务，因为只要仔细考察
就可以发现，任务本身，只有在解决它的物质条件已经存在或
者至少是在生成过程中的时候，才会产生。"[1]中国作为全球最人
的发展中国家，同时也是世界人口第一大国，如何根据社会主
要矛盾的转变，以及结合实际情况建设好中国特色社会主义生
态文明，找到经济发展与生态环境的平衡点，对开启全面建设
社会主义现代化国家新征程具有重要启示，也将为发展中国家
的现代化提供借鉴。基本实现社会主义现代化的表征之一就是
生态环境根本好转，美丽中国目标基本实现。联合国副秘书长
索尔海姆说过，中国的经验可以极大地影响其他发展中国家的
道路。中国可以帮助其他发展中国家跳出先污染再治理的怪圈，
在实现快速发展的同时保障强劲、可持续的增长，为"人类高
质量发展"贡献中国智慧。

第一，坚持党的全面领导，压实生态文明建设政治责任。
坚持党对生态文明建设的领导是加快补齐生态环境短板、建设美
丽中国的重大政治宣言与承诺的具体实践。坚决维护以习近平同

1.马克思，恩格斯:《马克思恩格斯文集》（第二卷），人民出版社第1版第1次印刷，
2009年12月，第592页。

志为核心的党中央权威和集中统一领导，确保党中央关于生态文明建设各项决策部署落地见效，切实担负起生态文明建设和生态环境保护的政治责任，着力解决突出生态环境问题，坚决打好污染防治攻坚战。

第二，坚持以人民为中心，提供更多优质生态产品。习近平总书记始终站在最广大人民的立场上，坚持中国共产党全心全意为人民服务的宗旨，始终维护最广大人民的根本利益，坚持"民有所呼，我有所应"，提供更多优质生态产品以满足人民日益增长的优美生态环境需要。解决生态民生问题是一项长期工作，没有终点，只有连续不断的新起点。

第三，坚持新发展理念，走生态优先、绿色发展之路。以生态文明为核心要求的绿色发展是新发展理念的重要组成部分，生态文明建设是绿色发展的战略载体。走生态优先、绿色发展之路，坚持在发展中保护、在保护中发展，是发展方式和发展道路的深刻变革。必须坚定不移贯彻新发展理念，切实把绿色发展理念融入经济社会发展的各个方面，推进形成绿色发展方式和生活方式，协同推进人民富裕、国家富强、中国美丽。

第四，坚持深化改革，完善生态文明制度体系。完善生态文明制度体系是推进生态文明建设的本质要求，是建成社会主义现代化强国的必然选择，是贡献全球生态环境治理中国智慧的现实需要。对于已经出台的战略部署要抓紧落实，并及时把改革发展的成熟经验上升为法规，我国生态文明法治建设才能取得长足的进步，才能为实现"美丽中国"的奋斗目标和中华民族的永续发展提供重要支撑。

第五，坚持系统观念，推进山水林田湖草沙冰一体化保护和治理。与人类生产生活息息相关的山川、河流、森林、田野、湖泊、草地、沙地、冰川是一个不可分割的相互交织、相互依赖、相互渗透和相互作用的生命共同体。基于对地球生命共同体认识的不断深化，必须要全方位全领域统筹各类生态要素，多措并举开展生态保护，进行综合修复和治理。要坚持系统论、整体观，头痛医头、脚痛医脚的方式无疑是在给整个生态系统添乱。

（二）建设美丽中国传递中国信心

　　风雨兼程建设美丽中国。国家主席习近平在《生物多样性公约》第十五次缔约方大会领导人峰会上指出，"新冠肺炎疫情给全球发展蒙上阴影，推进联合国2030年可持续发展议程面临更大挑战"[1]。美丽中国的建设不可能一蹴而就，是一个披荆斩棘的过程。"疫情防控是对我国生态治理体系和治理能力的一次重要考验，生态环境保护、生物安全和健康文明的生活方式成为防控期间的重要组成部分。"[2]在以习近平同志为核心的党中央坚强领导下，在中国特色社会主义制度的显著优势下，来势汹汹的新冠肺炎疫情非但没有打倒中国人民，更让我们成为全球抗疫的典范，实现了疫情防控阻击战与污染防治攻坚战"两不误"，中国的国际地位大大提升。"十三五"时期作为我国全面建成小康社会的决胜阶段，生态文明建设规律性认识更加深化，

1.习近平：《共同构建地球生命共同体——在〈生物多样性公约〉第十五次缔约方大会领导人峰会上的主旨讲话》，载《人民日报》，2021年10月13日。
2.牛秋鹏、杜宣逸：《风雨兼程建设美丽中国》，载《中国环境报》，2020年4月20日。

生态文明建设谋篇布局更加成熟，生态文明建设历史性成就更加彰显，生态文明建设世界影响更加深远，为"十四五"时期生态文明建设实现新进步奠定了坚实的基础。

雄关漫道真如铁，而今迈步从头越。习近平总书记在庆祝中国共产党成立100周年大会上发出庄严宣告："我们实现了第一个百年奋斗目标，在中华大地上全面建成了小康社会，历史性地解决了绝对贫困问题，正在意气风发向着全面建成社会主义现代化强国的第二个百年奋斗目标迈进。"[1]小康当然需要有良好的生态环境，这是人民群众所共有的财富。习近平总书记强调："不能一边宣布全面建成小康社会，一边生态环境质量仍然很差，这样人民不会认可，也经不起历史检验。"[2]实现千年小康梦，改变了无数人的命运，成就了无数人的幸福，对于实现美丽中国梦有重要的奠基作用。"2020年，全国337个地级及以上城市空气质量优良天数比例为87%，地表水质量达到或好于Ⅲ类水体比例达83.4%，污染防治阶段性目标顺利实现，山水林田湖草沙冰系统治理扎实推进，森林覆盖率提高到23%，生态系统质量改善、稳定性提升。"[3]"十四五"时期，生态环境系统的"战役"要以降碳为重点战略方向、推动减污降碳协同增效、促进经济社会发展全面绿色转型、实现生态环境质量由量

1.习近平：《在庆祝中国共产党成立100周年大会上的讲话》，载《求是》，第14期，2021年7月16日。

2.习近平：《坚决打好污染防治攻坚战　推动生态文明建设迈上新台阶——在全国生态环境保护大会上的讲话》，载《人民日报》，2018年5月20日。

3.中共国家发展改革委党组：《迈向中华民族伟大复兴的一次历史性跨越》，载《求是》，第14期，2021年7月16日。

变到质变的改善，开启全面建设社会主义现代化国家新征程。

信心在任何时候都至关重要。习近平总书记强调："当前和今后一个时期，虽然我国发展仍然处于重要战略机遇期，但机遇和挑战都有新的发展变化，机遇和挑战之大都前所未有，总体上机遇大于挑战。"[1]从外部环境来看，我国拥有解决气候变化等世界性难题的能力，我国在全球新一轮科技革命和产业变革中占据重要地位，我国市场的吸纳能力、消化能力独一无二，等等。从我国发展来看，我国拥有雄厚的物质基础、丰富的人力资本、广阔的市场空间、巨大的发展潜力和显著的制度优势。能否抓好战略机遇，会对一个国家的前途命运产生决定性的影响。错失机遇就会逐渐落后于时代发展。同时也要重视各种风险和挑战，在应对危机的过程中创造机遇，善于化危为机、转危为安。我们要抓住大有可为的历史机遇，坚定美丽中国梦终将实现的信心，调动一切可以调动的积极因素，团结一切可以团结的力量，凝聚各方面的智慧和力量，形成中华儿女心往一处想、劲往一处使的强大合力，不获全胜不收兵，锲而不舍地实现我们建设美丽中国的宏伟目标。

（三）建设美丽中国展现中国力量

第一，上下同欲者胜，风雨同舟者兴。美丽中国梦是整个中华民族的梦，也是每个中国人的梦。习近平总书记深刻指出："在我们这么一个有着14亿人口的国家，每个人出一份力就能

1.习近平：《把握新发展阶段，贯彻新发展理念，构建新发展格局》，载《求是》，第9期，2021年5月1日。

汇聚成排山倒海的磅礴力量，每个人做成一件事、干好一件工作，党和国家事业就能向前推进一步。"[1] 积力之所举，则无不胜也；众智之所为，则无不成也。生态环境部、中共中央宣传部、中央文明办、教育部、共青团中央、全国妇联等六部门联合印发的《"美丽中国，我是行动者"提升公民生态文明意识行动计划（2021—2025年）》，吹响了"十四五"时期进一步深入推进生态文明建设、动员全社会力量共同投身美丽中国建设的嘹亮号角。建设美丽中国、守护美好家园，同每个人息息相关。推进生态文明建设是人民群众共同参与、共同建设、共同享有的伟大事业，谁也不能只说不做，当个旁观者。把14亿中华同胞建设美丽中国的人心和智慧汇集成不可战胜的磅礴力量，画出最大的同心圆，让中华民族在绿水青山中永续发展，到达绿色梦想的彼岸。

第二，中国是生态文明建设的引领者。生态文明是人类文明发展的历史趋势，但是没能成为率先实现工业化、率先爆发生态危机的西方发达国家的执政党的主流意识形态，这就给社会主义制度超越资本主义制度，并且遵循人类文明趋势走向社会主义生态文明新时代提供了发展机遇。中国抓住了中华民族伟大复兴和人类生态文明转向的历史交叉点，高擎绿色发展旗帜，使得中国的生态文明建设走在了世界前列。我国率先发布《中国落实2030年可持续发展议程国别方案》，向联合国交存气候变化《巴黎协定》批准文书，积极履行《生物多样性公约》

1.习近平：《在基层代表座谈会上的讲话》，人民出版社第1版第1次印刷，2020年9月，第8—9页。

＊ 云南省玉溪市元江县境内正在迁移的亚洲象群（新华社，胡超/摄）

和《蒙特利尔议定书》等国际环境公约。2021年10月15日，全球瞩目的2020年联合国生物多样性大会（第一阶段）在云南昆明落下帷幕，中方率先出资15亿元人民币，成立昆明生物多样性基金，释放出全力加强生物多样性保护的积极信号。中国把应对气候变化作为推进生态文明建设、实现高质量发展的重要抓手，发表《中国应对气候变化的政策和行动》白皮书，以大国担当为全球应对气候变化作出积极贡献。中国为世界生态环境保护作出的重大贡献也得到了俄罗斯《劳动报》《导报》，法国《巴黎人报》《回声报》和比利时法语广播电视台等多家外国媒体的积极评价。

　　第三，和衷共济，共建地球生命共同体。个人的力量是有限的，一个国家的力量也会存在不足之处，只有加强国际合作，全球人民一起努力，才能实现构建绿色家园的共同梦想。任何一个民族和国家在解决生态问题上都只能取得暂时的胜利，这是一项事关所有国家乃至全人类的事业，建设一个清洁美丽的世界，任何一个国家都无法置身事外。国家主席习近平在《生物多样性公约》第十五次缔约方大会领导人峰会上强调，要"让发展成果、良好生态更多更公平惠及各国人民，构建世界各国共同发展的地球家园"。截至2020年底，中国与60多个国家、国际及地区组织签署约150项生态环境保护合作文件，已签约或签署加入的与生态环境有关的国际公约、议定书等50多项，为绿色发展理念深入人心、全球生态文明之路行稳致远作出中国贡献。[1]独行快，众行远。"面对全球环境风险挑战，各国是同舟共济的命运共同体，单边主义不得人心，携手合作方为正道。"[2]中国坚持多边主义，共谋共建共享全球生态文明建设，深度参与全球环境治理，与世界各国建立平等互助的生态合作关系，为全球环境治理凝聚起更大合力，共同开启绿色发展之路。

1.陈笑：《为全球生态文明建设作出中国贡献》，载《解放军报》，2021年10月19日。
2.习近平：《习近平在联合国成立75周年系列高级别会议上的讲话》，人民出版社第1版第1次印刷，2020年10月，第16页。

后 记

党的十八大以来，党中央以前所未有的力度抓生态文明建设，全党全国推动绿色发展的自觉性和主动性显著增强，美丽中国建设迈出重大步伐，我国生态环境保护发生历史性、转折性、全局性变化。深入阐释美丽中国建设的重大理论和实践问题，是新时代理论工作者肩负的光荣职责和神圣使命。作为奋战在江苏省地方高校的理论工作者，能够参与撰写"问道·强国之路"丛书，我们感到莫大的荣幸！

本书从策划选题到顺利出版，离不开中央党校哲学教研部副主任董振华教授，红旗文稿杂志社社长顾保国，中国青年出版社社长皮钧、总编辑陈章乐的精心策划和周密安排。本书现在与读者见面，谨向他们致以诚挚的谢意！中国青年出版社侯群雄、李茹两位老师全程悉心指导本书的写作，在此对他们的辛勤付出表示衷心的感谢！

本书在写作过程中，得到江苏长江经济带研究院、江苏省中国特色社会主义理论体系研究中心南通大学基地，南通大学马克思主义学院、经济与管理学院、地理科学学院的大力支持，臧乃康教授、蔡娟教授、王琳博士、靳匡宇博士、孙国志教授、冯俊博士、刘峻源博士、张秀萍老师不辞辛劳承担了支持性的工作，河海大学马克思主义学院博士研究生何婷和南通大学马克思主义学院硕士研究生陈辰、魏志鹏、王锦、王金国等同学参与资料的收集和整理，他们对本书都作出了重要贡献，在此深表谢意！苏州大学方世南教授、中共上海市委党校汤荣光教授对本书提出了许多宝贵意见和建议，在此表示诚挚的谢意！本书在撰写过程中，参考了国内外许多生态文明建设研究的优秀理论成果和重要文献，谨向为本书作出贡献的专家、学者表达真诚的谢意！

本书在写作过程中力求精益求精，通过比较通俗的语言，全方位展示新时代我国生态文明建设的理论探索与实践成就。限于著者水平，本书难免有不妥之处，恳请同行专家、学者和广大读者惠予批评指正！

成长春　吴日明

于南通大学啬园校区

2022年7月22日

图书在版编目（CIP）数据

建设美丽中国 / 成长春，吴日明著. —北京：中国青年出版社，2022.5
ISBN 978-7-5153-6629-6

Ⅰ.①建…　Ⅱ.①成…②吴…　Ⅲ.①生态环境建设–研究–中国　Ⅳ.①X321.2

中国版本图书馆CIP数据核字（2022）第061259号

"问道·强国之路"丛书
《建设美丽中国》
作　　者　成长春　吴日明

责任编辑　李茹
出版发行　中国青年出版社
社　　址　北京市东城区东四十二条21号（邮政编码　100708）
网　　址　www.cyp.com.cn
编辑中心　010-57350508
营销中心　010-57350370
经　　销　新华书店
印　　刷　北京中科印刷有限公司
规　　格　710×1000mm　1/16
印　　张　14
字　　数　148.5千字
版　　次　2022年9月北京第1版
印　　次　2022年9月北京第1次印刷
定　　价　42.00元

本图书如有印装质量问题，请凭购书发票与质检部联系调换。电话：010-57350337